电网输电设备
腐蚀状态评估及智能管理

主 编 柳 森

U0352522

时代出版传媒股份有限公司
安徽科学技术出版社

图书在版编目（CIP）数据

电网输电设备腐蚀状态评估及智能管理 / 柳森主编. --合肥:安徽科学技术出版社,2025.1. -- ISBN 978-7-5337-9034-9

Ⅰ. TM4

中国国家版本馆 CIP 数据核字 2024RR1689 号

电网输电设备腐蚀状态评估及智能管理　　　　　　主编　柳　森

出 版 人：王筱文　　　选题策划：期源萍　　　责任编辑：期源萍
责任校对：孟祥雨　　　责任印制：李伦洲　　　装帧设计：新梦渡
出版发行：安徽科学技术出版社　　　　http://www.ahstp.net
　　　　　（合肥市政务文化新区翡翠路 1118 号出版传媒广场,邮编:230071）
　　　　　电话：（0551）63533330
印　　制：武汉鑫佳捷印务有限公司　　　　电话：（027）87531185
（如发现印装质量问题,影响阅读,请与印刷厂商联系调换）

开本：710×1000　1/16　　　印张：16.5　　　字数：300 千
版次：2025 年 1 月第 1 版　　　2025 年 1 月第 1 次印刷

ISBN 978-7-5337-9034-9　　　　　　　　　　　定价：99.00 元

编委会

主　编

柳　森

副主编

李治国　宋小宁

编　委

胡家元　温小涵　钱洲亥　祝郦伟

于志勇　程一杰　李延伟　祝晓峰

程学群　杨小佳　李　众　郑志明

叶小君　胡　威　徐恒昌

目　　录

第一章 概 述

1.1 输电设备材料腐蚀问题概述

1.1.1 浙江区域环境特点

浙江省处于我国东南沿海地区，气温高、湿度大，大气及土壤环境复杂，同时工业发达，大气污染较为严重，酸雨率高。主要大气腐蚀环境包含沿海大气、重工业污染大气、工业大气、城市大气、山区大气等；主要土壤腐蚀环境除腐蚀性较强的酸性红壤之外，还有滨海盐土、中碱性土壤、内陆盐土、农田有机土等。

国网浙江省电力有限公司（简称"浙江省公司"）辖杭州、宁波、温州11个地市公司，其中杭州、宁波、温州、绍兴、嘉兴、台州、舟山7地市均为沿海城市，特别是舟山市（舟山群岛），为典型海洋性/沿海大气环境，上述地区（特别是近海岸线地区）的氯离子沉积特征明显。浙江省工业发达，形成了杭绍地区、宁波地区、丽水地区、衢州地区等多个重工业污染大气区，二氧化硫等硫化物排放量及沉积量大，全省2012年的年均酸雨率高达84.1%，降水的年均pH为4.45，呈明显酸性。此外，浙江的多山多水系特点，使得大气湿度普遍偏高，全省76个监测区域中有34个区域属于中度腐蚀等级以上（相对湿度在75%~80%），特别是一些山区，湿度很大，易形成局部强腐蚀环境。

浙江省红壤的分布面积最大，广泛分布于浙西、浙南和浙东的丘陵地带，如衢州、金华、丽水等地市，该类土壤呈酸性，腐蚀性很强。宁波、台州、温州等沿海地市均广泛分布盐土，由于其含盐量高、为强电解质，对金属有较强腐蚀性。同时，浙江部分工业发达地区，环境排污较为严重，对土壤腐蚀性影响较大，如杭绍地区，碳钢腐蚀速率最高达0.128 mm/a~0.250 mm/a，宁波天一地区的碳钢腐蚀速率达0.098 mm/a。

1.1.2 腐蚀典型环境特点

浙江省呈现复杂的大气环境特征。其中，舟山群岛及宁波、温州、台州等沿海地市，主要为海洋性和沿海腐蚀环境，海风挟带污染物沉积等对金属腐蚀影响很大，其腐蚀过程主要受氯离子促进。杭绍、丽水、衢州、宁波北仑等地区存在典型工业污染环境，硫化物、氮氧化物排放量大，酸雨率高，大气腐蚀性主要受硫化物沉积影响。绍兴、杭州淳安等地水系发达，降水丰富，空气湿度大，大气腐蚀性受空气相对湿度影响较大。同时，浙江省大气存在典型的交互特点，如杭州及绍兴等部分地区，同时兼具沿海大气及工业污染大气特性，多种腐蚀性气候环境的交互影响往往导致金属腐蚀程度快速加剧。

浙江省土壤类型多样，酸性红壤及黄壤、滨海盐土等土壤占比较大。衢州、丽水、金华等地以酸性红壤及黄壤为主，该类土壤含水量高、pH较低，对金属的腐蚀特征类似于酸性溶液。舟山、台州、宁波等沿海区域存在较多的滨海盐土，该类土壤含盐量大、电阻率低、侵蚀性离子浓度高，其腐蚀特点是易形成强电解质环境，诱发金属电化学腐蚀。此外，由于浙江省存在很多工业区，排放的废液往往含较多有机酸等侵蚀性成分，受污染的土壤对金属也将呈现很强的腐蚀性。

1.2 输变电设备腐蚀防护措施和相关标准

1.2.1 输变电设备材料腐蚀防护措施

浙江省公司针对输变电设备运行区域，进行大量基础性研究，掌握了环境腐蚀性评估主要影响因子及其测试方法，在此基础上通过现场布点、取样分析、在线监测等方式对浙江省公司所处大气和土壤环境的腐蚀性进行评估并分级，用以建立相应的设计选型及金属专项技术监督体系。

目前开展的与腐蚀相关的运检维护工作主要有：①加强入网品质检查，开展电网设备金属专项监督等工作，保障入网设备材质、涂镀层品质合格；②在重腐蚀地区，对铝合金、不锈钢等金属设备材料进行外敷涂层防腐；③对已发生腐蚀的金属材料，用高附着力防腐涂层进行修补；④对结构复杂的关键部位（如铁塔塔脚、螺栓），采用高耐蚀性复合包覆防腐技术进行长效保护；⑤对于服役环境恶劣的设备，布置腐蚀监测在线装置，开展腐蚀长期监控及预警；⑥一线生产单位加强日常设备巡检，重点设备的腐蚀监测检查频率缩短为每周开展一次；⑦科研单位加强评估技术及防腐技术研发，如对接地网等常规方法难以有效检查腐蚀的对象，研发可视化便捷评估技术，并研发新型防腐技术；⑧加强新材料研发，如对关键设备材料进行改进型研发，开发更适合浙江沿海环境的新型铝合金材料。

1.2.2 防腐蚀措施取得的效果

（1）浙江省公司自2006年开始在国网公司内部率先开展电网金属技术监督工作以来，在"变电站不锈钢部件材质分析"以及"构支架镀锌层厚度测试"两个金属防腐项目上取得了一定成绩。根据统计，2016年度，浙江省公司就变电站不锈钢部件材质不合格和构支架镀锌层厚度不合格两个问题分别发出告警单77份和107份。2017年上半年，上述两个问题的告警单数分别为7份和4份。问题不锈钢部件和问题构支架数量逐渐下降，部分设备制造厂商形成"浙江专供""浙江产品加检"氛围，这充分说明浙江省公司金属技术监督工作已经在金属防腐方面发挥明显作用。

（2）在早期GIS设备中，以拐臂为代表的小型受力部件大多采用力学性能较好的2系Al-Cu系铝合金，具体牌号为2Al2。虽然2系铝合金的力学性能较好，相同的受力要求下，可将零部件做得更为小巧，但是2系铝合金的防腐性能较差，被腐蚀后容易形成层状剥落和粉末化，对部件的承力性能有较大的影响。因此，浙江省公司已要求今后所有户外GIS机构上禁止使用2系铝合金，改用防腐蚀能力较好且兼具一定力学性能的5系铝合金5083替代2系铝合金产品。

（3）浙江省110 kV及以上电压等级的变电站中广泛使用镀锌钢作为接地体材料。虽然镀锌钢在常规条件下具有较强的抗腐蚀能力与较长理论使用寿命，但在局部恶劣土壤腐蚀环境下，镀锌钢常因重度腐蚀而提前失效，且接地网腐蚀因具有较强的隐蔽性而难以排查，隐患较大。因此，浙江省公司在全省范围内对变电站接地网腐蚀情况进行了排查，并在一部分变电站试验了免开挖接地网故障检测技术，取得了一定的成果。

（4）目前输电杆塔塔脚保护的常用手段为加水泥保护帽。在保护帽品质不良时，塔脚部位常发生严重腐蚀甚至断裂。浙江省公司已对保护帽内塔脚状态进行了检测研究，并采用包覆防腐技术进行针对性的长效防腐处理。

1.2.3 相关标准

腐蚀检测执行的相关标准如表1.1所示。

表1.1 腐蚀检测相关标准

项目	材料	执行情况
成分检测	金属镀层	GB/T 2694—2010《输电线路铁塔制造技术条件》 DL/T 768.7—2002《电力金具制造质量 钢铁件热镀锌层》
	铝合金	GB/T 7999—2015《铝及铝合金光电直读发射光谱分析方法》 GB/T 20975—2008《铝及铝合金化学分析方法》
	钢构件	GB/T 4336—2016《碳素钢和中低合金钢 多元素含量的测定 火花放电原子发射光谱法（常规法）》 GB/T 11170—2008《不锈钢 多元素含量的测定 火花放电原子发射光谱法（常规法）》
	铜构件	GB/T 5121—2008《铜及铜合金化学分析方法》
	锌合金	GB/T 12689—2004《锌及锌合金化学分析方法》
涂层厚度检测	镀银	DL/T 1424—2015《电网金属技术监督规程》
	镀锌	GB/T 4956—2003《磁性基体上非磁性覆盖层 覆盖层厚度测量 磁性法》
	镀锡	GB/T 4956—2003《磁性基体上非磁性覆盖层 覆盖层厚度测量 磁性法》
	有机涂层	GB/T 4956—2003《磁性基体上非磁性覆盖层 覆盖层厚度测量 磁性法》
盐雾试验	金属镀层	GB/T 10125—2012《人造气氛腐蚀试验 盐雾试验》
	有机涂层	GB/T 10125—2012《人造气氛腐蚀试验 盐雾试验》
	钢材料	GB/T 10125—2012《人造气氛腐蚀试验 盐雾试验》
	铝合金材料	GB/T 10125—2012《人造气氛腐蚀试验 盐雾试验》
腐蚀试验	晶间腐蚀	GB/T 4334—2008《金属和合金的腐蚀 不锈钢晶间腐蚀试验方法》 GB/T 7998—2005《铝合金晶间腐蚀测定方法》
	应力腐蚀	GB/T 15970.1—1995《金属和合金的腐蚀 应力腐蚀试验 第1部分：试验方法总则》
附着力、硬度测试	金属镀层	GB/T 2694—2010《输电线路铁塔制造技术条件》
	有机涂层	GB/T 13452.2—2008《色漆和清漆 漆膜厚度的测定》 GB/T 9286—1998《色漆和清漆 漆膜的划格试验》 GB/T 1766—2008《色漆和清漆 涂层老化的评级方法》

第二章　输电设备腐蚀现状及典型失效案例分析

2.1 输电设备腐蚀现状综述

浙江省由于所处区域大气、土壤环境复杂，输变电设备腐蚀问题较为严重，腐蚀范围几乎涵盖了主变压器（简称"主变"）、隔离开关、紧固件、电力金具、输电线路导线、户外端子箱、线路杆塔、接地网等设施。

浙江省公司在2017年上半年上报了242起腐蚀事故，分别为：输电线路导/地线腐蚀13起、电力金具腐蚀19起、杆塔腐蚀28起、接地网腐蚀11起、塔脚部位腐蚀11起、螺栓紧固件腐蚀9起、变电隔离开关腐蚀9起、户外GIS接线板腐蚀3起、端子箱腐蚀30起、金属构架腐蚀40起、主变外壳腐蚀21起、电缆沟支架腐蚀2起、避雷针腐蚀6起、接地网腐蚀31起、线夹类（含紧固件）腐蚀5起、压变箱体腐蚀3起、互感器腐蚀1起，如表2.1所示。

表2.1　2017年上半年上报的腐蚀案例统计表

专业	设备类型	腐蚀案例数量	所占比例
输电线路	导/地线	13	5.4%
	电力金具	19	7.9%
	杆塔	28	11.6%
	接地网	11	4.5%
	其他（塔脚部位）	11	4.5%
	其他（螺栓紧固件）	9	3.7%
变电	隔离开关	9	3.7%
	户外GIS接线板	3	1.2%

专业	设备类型	腐蚀案例数量	所占比例
变电	端子箱	30	12.4%
	金属构架	40	16.5%
	主变外壳	21	8.7%
	电缆沟支架	2	0.8%
	避雷针	6	2.5%
	接地网	31	12.8%
	线夹类（含紧固件）	5	2.1%
	其他（压变箱体）	3	1.2%
	其他（互感器）	1	0.4%

造成腐蚀问题的主要原因有：①设备服役环境的腐蚀性强，特别是局部小区域受工业排污等影响腐蚀环境恶劣；②前期选型选材缺乏针对服役环境防腐的差异性设计；③在腐蚀环境中防腐手段单一，维护力度不足；④初始产品质量不合格（未达到实际环境下的耐蚀要求）；⑤针对金属材料抗腐蚀性能的相关评测开展力度不足，导致材料成分、杂质含量、加工工艺等不过关；⑥现场运维单位防腐专业人员及技术支撑力量欠缺。

2.2 典型失效案例

2.2.1 杭州220 kV安凤×××线××号接地引下线腐蚀

设备类别：【输电线路】【接地装置腐蚀】

投产日期：1999年12月

材料类型：接地圆钢

服役环境：平原地区，附近有农田

1. 案例简述

220 kV安凤×××线××号接地装置由于长期运行造成接地引下线的腐蚀，如图2.1所示。

图2.1　接地引下线的腐蚀

2. 事故分析

（1）宏观检验。首先，对失效的腐蚀形貌进行观察，如图2.2所示。圆钢1表面存在白色点蚀，点蚀坑分布较均匀；圆钢2根部开始生成鼓泡，使表层金属出现开裂现象；圆钢3腐蚀最严重，表层金属与基体金属完全腐蚀剥落。

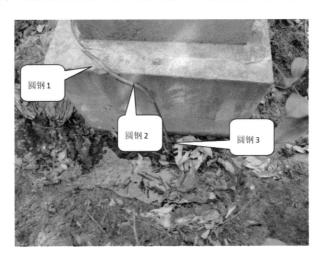

图2.2　失效的接地引下线形貌

（2）成分分析。依据GB/T 20025—2004《圆钢化学分析方法》对发生轻微腐蚀的圆钢1和腐蚀较严重的圆钢2分别进行化学成分分析，结果如表2.2所示，Fe含量偏高，Mn含量偏低，且Mg含量也偏高。

表2.2　受检支柱的化学成分（wt%）

成　分	Cu	Mg	Mn	Fe	Si	Zn	Ti
轻微腐蚀的圆钢1	0.69	2.32	0.21	5.10	0.004	0.014	0.005
腐蚀较严重的圆钢2	1.32	3.89	0.59	8.15	0.015	0.020	0.006
GB/T 20105—2005标准要求	1.6 ~ 2.7	1.0 ~ 3.4	0.25 ~ 0.71	≤ 0.45	≤ 0.35	≤ 0.20	≤ 0.05

（3）微观形貌分析。用扫描电镜对被腐蚀的圆钢进行微观形貌分析，结果如图2.3所示。经分析可知，腐蚀部分富含Fe、Mg元素，形成局部的Fe、Mg富集区。

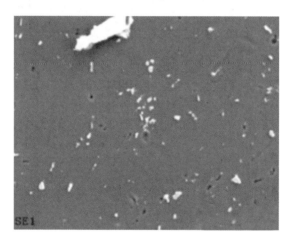

图2.3　腐蚀圆钢扫描电镜照片

（4）失效分析。失效圆钢材料为钢，耐蚀性较差，在工程应用中易发生点蚀、晶间腐蚀和剥落腐蚀。从化学成分可以看出，正是因为含Fe和Mg较多造成的腐蚀剥落导致圆钢腐蚀失效。

（5）结论。该失效圆钢，由于化学成分不符合标准，同时湿润的土壤将埋入地下的接地线进行了适当的隔离，造成电偶腐蚀，最终导致接地失效。

3.　建议措施

（1）防腐保护层失效后，采取补强的措施，更换接地材料，避免接地装置进一步腐蚀。

（2）选用耐蚀性更好的金属材料，例如不锈钢、铜等作为支柱材料。

2.2.2 金华倪乡××××熟溪支线××号温明××××线××号塔脚腐蚀失效

设备类别：【线路】【塔脚】

投产日期：2004年12月

材料类型：镀锌碳钢

服役环境：山区

防护措施：镀锌

1. 案例简述

据武义县供电公司输配运检中心提供的资料，班组于2012年4月巡视时发现，武义县熟溪街道塘里村水文站对面的同杆架设的倪乡××××熟溪支线××号和温明××××线××号杆塔的4个塔脚保护帽有不同程度破损；2013年巡视发现，保护帽破损比较严重，塔材已出现腐蚀，但未将保护帽敲开检查；2014年3月巡视发现，塔脚已严重腐蚀，5月时塔材已出现缺口，在敲开保护帽后用游标卡尺测量了主材的腐蚀程度，正常为0.820 cm，腐蚀最严重处为0.636 cm；接地引下线腐蚀严重，四根接地引下线均有不同程度的腐蚀。经现场考察，腐蚀情况的确非常严重。

图2.4为2009年7月时××号杆塔某塔脚的局部状态，此时的保护帽出现明显脱落，裸露出细砂及大小不一的石块，较为疏松多孔，浇筑质量差，可以发现保护帽较其下端的水泥本体潮湿许多，优劣立分；塔材已生锈，塔脚与保护帽接触的可见范围内的热镀锌层已腐蚀殆尽。图2.5为2011年7月时××号杆塔某塔脚的局部状态，此时除塔脚与保护帽接触界面的进一步腐蚀及保护帽更严重的脱落外，似乎并无异样。图2.6为2014年6月时保护帽敲开前的局部状态，此时的保护帽无疑变得更为疏松潮湿，与其下方的水泥本体形成更鲜明的对照，但塔脚的腐蚀却被保护帽所掩盖，敲开保护帽后才发现，塔脚八字铁的腐蚀已经十分严重，有的几乎失去了承载能力（如图2.7中3号腿八字铁），有的已经彻底锈断（如图2.7中4号腿八字铁）。

图2.4　2009年7月时塔脚的局部状态

图2.5　2011年7月时塔脚的局部状态　　图2.6　2014年6月时保护帽敲开前的
　　　　　　　　　　　　　　　　　　　　　　　　　　　　局部状态

（a）　　　　　　　　　　　　　　　　　　（b）

图2.7　2014年6月时保护帽敲开后的局部状态

（c）　　　　　　　　　　　　　　（d）

图2.7　2014年6月时保护帽敲开后的局部状态（续）

（a）4号腿八字铁1　（b）4号腿八字铁2　（c）3号腿八字铁　（d）3号腿主材

2. 事故分析

（1）材料及其结构因素。

为了了解腐蚀过程，截取塔脚部分不同腐蚀程度样本进行形貌、能谱及X射线衍射分析。图2.8所示为轻度腐蚀塔脚样的表面形貌，对应的能谱与能谱数据如图2.9与表2.3所示。由图2.8可知，腐蚀产物呈多孔状，疏松地附着在表面，对进一步腐蚀毫无抑制作用。能谱数据显示，腐蚀产物中含有硫与氯，含量分别为2.00 wt%与0.73 wt%。此腐蚀样表面尚存热镀锌层，能谱显示Fe含量仅9.95 wt%，故腐蚀产物中的硫与氧来源于环境，而非基体本身。

图2.8　轻度腐蚀塔脚样表面形貌

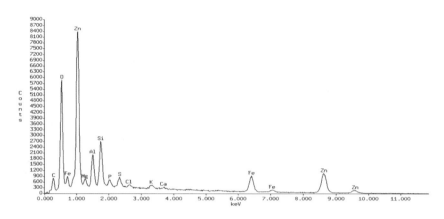

图2.9　轻度腐蚀塔脚样表面能谱

表2.3　轻度腐蚀塔脚样表面能谱数据

元素	O	Zn	Fe	Ca	K	Cl	S	P	Si	Al	Mg	总量
原子百分比（at%）	59.28	14.66	4.97	0.27	0.65	0.57	1.74	1.19	8.44	6.55	1.66	100
质量百分比（wt%）	34.02	34.38	9.95	0.39	0.92	0.73	2.00	1.33	8.50	6.34	1.45	100

　　图2.10所示为腐蚀更为严重的塔脚表面形貌，腐蚀产物呈多层结构，疏松的表层下面，尚有裂纹密集的里层，可以认为，腐蚀产物很容易从基体表面剥离。对应的X射线衍射谱如图2.11所示，此时锌元素以氧化物及碳酸盐形态存在，金属锌已完全被消耗，同时铁的腐蚀产物已经出现，随着锌腐蚀产物的逐渐剥离，碳钢基材的腐蚀将明显加速。

图2.10　严重腐蚀塔脚的表面形貌

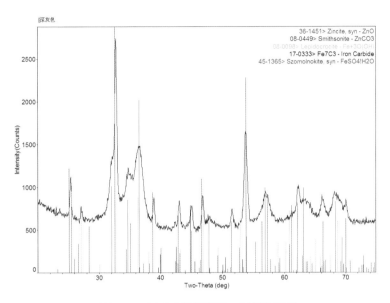

图2.11　严重腐蚀塔脚的X射线衍射谱

图2.12为塔脚腐蚀样的截面形貌，相应的元素分布情况如图2.13所示。结合能谱数据可以发现：①塔脚表面热镀锌层的内部密集分布着大小不一的孔洞，可以判定为点蚀；②孔洞周围硫、氧的浓度非常高，氯分布于整个区域，孔洞处浓度稍高；③热镀锌层几乎完全被锌、碳、氧三种元素占据，说明氧化物、碳酸盐确为锌层的腐蚀产物。

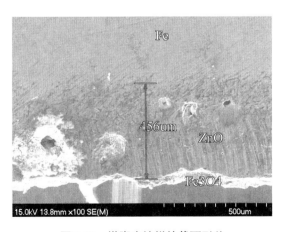

图2.12　塔脚腐蚀样的截面形貌

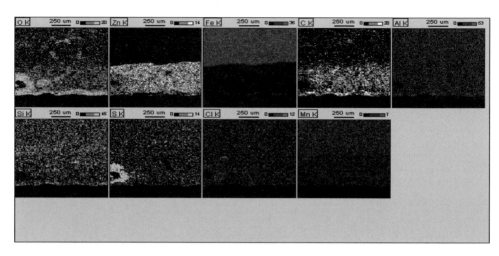

图2.13 塔脚腐蚀样截面的元素分布情况

（2）施工因素。

图2.4已显示出保护帽与其下部水泥主体的差异，随着保护帽的逐渐脱落及后续的敲开，更暴露出保护帽在施工时存在的严重不足：水泥比例明显不足，浇筑时使用大石块，致使保护帽内部疏松且存在大小不一的空洞，便于水分在毛细作用下的长期滞留，从而加速塔脚的腐蚀。

（3）环境因素。

腐蚀铁塔位于武义县，附近有武义最大的化工厂——浙江三美化工股份有限公司，其产品包括氢氟酸、盐酸、二氟一氯甲烷等，公司生产时对周围环境必然产生影响。浙江省环境监测中心数据显示，武义县2012年降水pH为4.91，为明显的酸性雨水，降水中Cl^-浓度达0.787 mg/L，同年大气中SO_2年均浓度为0.028 mg/m³。表2.4所示为腐蚀铁塔实地采集雨水样本的阴离子色谱分析结果，数据显示雨水中除浓度最高的SO_4^{2-}外，Cl^-含量高达0.9755mg/L。Cl^-对钝化膜的破坏以及对点蚀的促进作用是毋庸置疑的，硫化物对Cl^-的腐蚀作用则具有协同效果。

表2.4 腐蚀铁塔实地采集雨水样本的阴离子分析结果

编号	出峰时间/min	离子类型	类型	峰面积/（μS·min）	峰高度/μS	离子含量/（mg/L）
1	3.12	F^-	BMB*	0.093	0.891	0.2186
2	4.67	Cl^-	BMB*	0.215	1.696	0.9755
3	5.36	NO_2^-	BMB*	0.003	0.043	0.1007

编号	出峰时间/min	离子类型	类型	峰面积/（μS·min）	峰高度/μS	离子含量/（mg/L）
4	6.89	SO_4^{2-}	BMB*	1.037	5.528	4.9135
5	8.99	NO_3^-	BMB*	0.132	0.603	1.0096
合计	—	—	—	1.48	8.76	7.22

酸性、含高氯离子及硫化物的雨水，长期滞留于施工不当造成的疏松多孔的保护帽中，构成了发生腐蚀的外部条件。在腐蚀产物疏松多孔结构因素的共同作用下，导致了倪乡×××熟溪支线××号和温明×××线××号塔脚的严重腐蚀，腐蚀的隐蔽性进一步导致了某些塔脚的彻底锈断。

3. 建议措施

为有效抑制类似腐蚀的发生及已腐蚀构件的进一步失效，现提出如下建议供参考。

（1）对该区域其余的铁塔塔脚进行普查，排除安全隐患。尚未发生严重腐蚀的，可先使用包覆方式使构件与外界环境隔离，然后再浇筑保护帽。所用包覆材料主要为矿脂防蚀膏、防蚀带及防腐涂料。

（2）对于已严重腐蚀的铁塔塔脚，需要立即更换，且可考虑更换后的包覆处理。

2.2.3 绍兴500 kV凤岩××××线避雷线熔断

设备类别：【线路】【避雷线】

投产日期：2009年7月

材料类型：镀锌碳钢

服役环境：工业区

防护措施：镀锌

1. 事件概况

2017年6月30日晚，500 kV凤岩××××线B相故障，强送电不成功。运检班连夜对线路进行了故障巡查，最终在××号至××号铁塔处发现右侧避雷线断落，断落的避雷线横挂在BC相导线上，故障现场如图2.14所示。根据相关资料，500 kV凤岩×××线于2009年7月31日投运，由浙江省电力设计院设计，并由浙江省送变电工程公司施工。断落的避雷线为铝包钢线相绞而成，型号为JLB20A-80，但铝质包覆层和钢质线芯的具体牌号未知。

图2.14　断落避雷线的故障现场

2. 故障分析

（1）宏观检测。

首先对绍兴凤岩线断落的避雷线进行了宏观检测，其典型形貌如图2.15所示。从图中可以看出，该线断裂处有明显的缩颈现象，断口表面较为平滑，且在断口附近存在明显的因高温灼烧而留下的黑色氧化痕迹。综合来看，此断口为典型的高温状态下熔断而形成。

图2.15　断落避雷线两端的宏观形貌

为观察断口的更多细节信息，在立体显微镜下开展进一步研究，典型形貌如图2.16所示。在避雷线断口附近存在数处不同程度的表面磨损（图2.16中的方框处），面积在5~20 mm²。磨损程度较轻的只是减薄了表面铝层的厚度，还未磨穿，而磨损程度较重的已经将表面的铝层完全磨损掉，使得钢质的线芯曝露在外。露出的钢质线芯在自然界中长期运行后，已经在表面形成了不少点状或片状的棕黄色腐蚀痕迹。

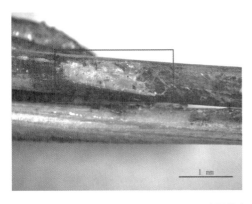

图2.16 避雷线断口附近的表面磨损

（2）成分分析。

由于避雷线铝质包覆层和钢质线芯的具体牌号依然未知，缺乏对比衡量的标准，因而暂时未对避雷线的材质成分进行分析。后期获得材质的具体信息后，如有需求，可再做进一步分析。

（3）金相分析。

将未被明显磨损的单股完好铝包钢线切割制样，打磨抛光，经硝酸酒精腐蚀后置于ZEISS Axiovert 200型光学显微镜下，对其金相组织进行研究，如图2.17所示。避雷线钢质线芯的金相组织为不太典型的回火马氏体，这类组织形成的原因应与其热处理工艺相关。虽然不能确定该钢材的具体牌号以及室温下的标准金相组织，但判断其金相组织异常的可能性不大。

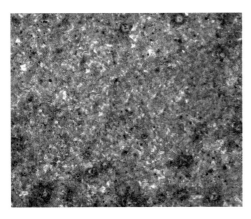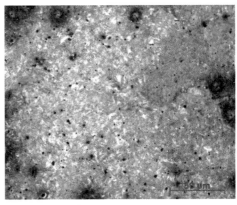

图2.17 铝包钢线钢质线芯的光学显微组织

同时，在光学显微镜视场下对单股铝包钢线的外形尺寸进行了测量，如图2.18所示。从图中可以看出，单股铝包钢线的直径约为3.80 mm，其中钢质线芯的直径约3.35 mm，钢芯表面铝包覆层的平均厚度约为0.225 mm。值得注意的是，钢质线芯表面包覆铝层的厚度不太均匀，厚的部位超过0.3 mm，而薄的部位厚度只有0.14～0.15 mm，平均厚度约为0.22 mm，如图2.19所示。

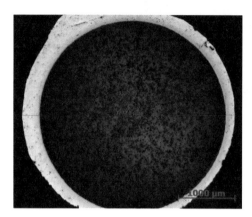

图2.18　单股铝包钢线的外形尺寸

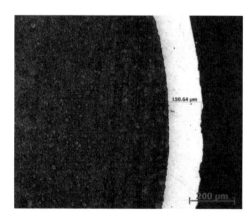

图2.19　钢芯表面铝层的厚度示意图

（4）SEM及EDS分析

将避雷线样品的断面置于扫描电子显微镜（SEM）中观察其表面的微观形貌，并通过能谱技术（EDS）对断面进行成分分析，分析位置及分析结果如图2.20、图2.21及表2.5、表2.6所示。结果显示，在避雷线不同的两个断口位置均检测出了S元素，含量分别为0.63%和0.31%。S元素的存在很可能与断口位置发生的锈蚀有关。此外，O元素的含量也比较高，这是由于避雷线在熔断过程中处于高温状态，金属材料氧化造成的。

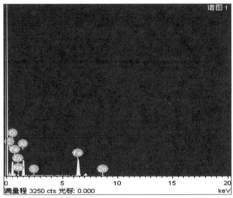

图2.20 避雷线断口的EDS分析位置1

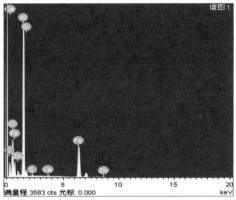

图2.21 避雷线断口的EDS分析位置2

表2.5 避雷线断口位置1的EDS分析结果(wt%)

元素	C	O	Na	Al	S	Fe	Zn
含量	1.37	25.24	1.49	15.11	0.63	50.51	5.65

表2.6 避雷线断口位置2的EDS分析结果(wt%)

元素	C	O	Na	Al	S	Ca	Fe	Zn
含量	2.55	24.66	36.70	2.01	0.31	0.32	31.73	1.72

3. 结论与建议

根据绍兴气象站在故障时段观测的气象数据，故障区域天气情况为雷雨、大风等强对流天气，短时强降水、8～10级雷雨大风和局部冰雹。通过雷电定位系统查询，故障时间点前后2 min内，故障线路周边范围2 km内有12处雷电活动记录，故障杆塔可能为37号～54号，这与事故现场搜寻的结果相符。结合上述已经得到的试验结果，可以确定本次避雷线断裂是由于雷击形成的大电流流过避雷线瞬时产生大量热量，使避雷线最终熔断。

本次避雷线熔断的位置位于压接出口处。由于压接处被固定，因而压接出口处的自由变形裕度是最小的。当避雷线在大风天气中不可避免地产生舞动时，压接出口处受到的应力最大，因而容易在各股铝包钢线之间形成摩擦。根据2009年出版的《国家电网公司物资采购标准——导、地线卷（第二批）》的规定，JLB20A-80型铝包钢线的最小铝层厚度须大于0.19 mm，平均铝层厚度须大于0.255 mm。而显微镜测量的结果显示，熔断铝包钢线的最小铝层厚度仅0.14 mm，平均铝层厚度只有0.225 mm，而且铝层厚度均匀度较差。显然，该熔断避雷线的铝包钢线不符合国家电网公司的采购规定。

钢材的防腐性能较差，当天气不断变化形成干湿交替的环境，就会在钢材线芯上形成点状腐蚀。点状腐蚀继续发展就出现了如图2.16所示的片状全面腐蚀。能谱分析的结果表明，避雷线两个不同的熔断断口均有典型腐蚀元素S的存在，可以证明雨水将有腐蚀性的H_2SO_4或H_2SO_3挟带至钢质线芯表面，然后逐渐形成腐蚀。

表面铝层的完全磨损一方面降低了避雷线的载流面积，而另一方面，钢质芯材的腐蚀显著增大了该处的电阻。因此，当雷电形成的大电流通过该处时，瞬间形成了远远多于其他部位的热量，并最终导致避雷线在该处被熔断。

针对本次事故的情况，特建议：

在条件允许的情况下，组织人员对凤岩×××线的避雷线进行巡检，特别要排查避雷线的压接出口处，若发现有铝包钢线已发生腐蚀或者表面铝层已经被完全磨损，则建议更换。

2.2.4 500 kV 丹浦 ×××× 线 ××× 号塔螺栓断裂

设备类别：【线路】【金具】
材料类型：镀锌碳钢

服役环境：工业区

防护措施：镀锌

1. 事件概况

2020年，台州公司无人机巡视时，发现500 kV丹浦××××线×××号塔左侧地线线夹与连接金具处断开（双串断一串）。2020年6月10日，台州公司组织人员前往现场抢修，发现该处线夹螺栓断裂，致使断串。连接金具的图纸如图2.22所示。

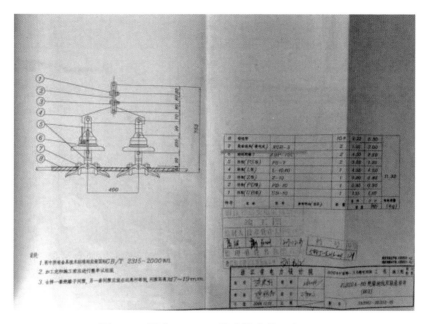

图2.22　丹浦××××线连接金具示意图

为查明断串原因，将样品送至电科院材料室，对该地线线夹螺栓及配套金具进行分析，判断其断裂原因。

2. 试验检测

（1）宏观检测。

首先对断裂金具样品进行了宏观检查，其典型宏观形貌如图2.23所示。该型号金具的地线线槽通过螺栓螺母紧固件与金具本体连接。金属断裂位置正处于连接的螺栓处。螺栓断裂成为两段，形成了两个断面。通过机械加工，将断裂螺栓切割取下，其断面宏观形貌如图2.24所示。螺栓断面相对平整，塑性变形不明显。断面已经被严重腐蚀，整体呈红褐色。螺栓与铝质线夹结合部位存在一些金属熔融后重新凝固的金属组织。

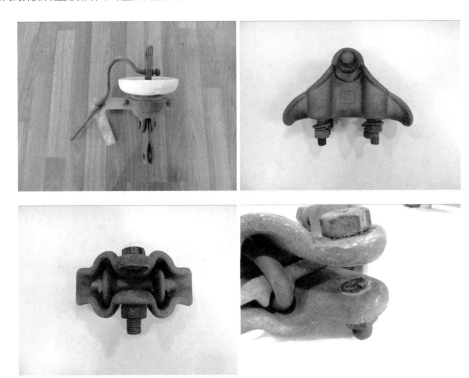

图2.23　断裂金具的宏观形貌

图2.24　螺栓断口的宏观形貌

（2）成分分析。

使用手持式X射线荧光光谱仪对断裂螺栓的成分进行了检测，半定量的检测结果列于表2.7中。从结果可以看出，螺栓的材质应为普通碳素钢（C元素在手持式X射线荧光光谱仪中无法被检测出）。由于金具图纸未提供螺栓材质的具体牌号，因此无法判断其材质是否合格。

表2.7 螺栓的半定量成分分析结果（wt%）

元素	C	Cu	Zn	Mn	Fe
含量	—	0.09	0.13	0.51	99.24

（3）SEM及EDS分析。

将螺栓断口置于扫描电子显微镜（SEM）下观察其断面的微观形貌，如图2.25所示。从图中可以看出，螺栓断面已经全部被块状、颗粒状、柱状、多孔状层叠覆盖，无法观察到断口的原始形貌。

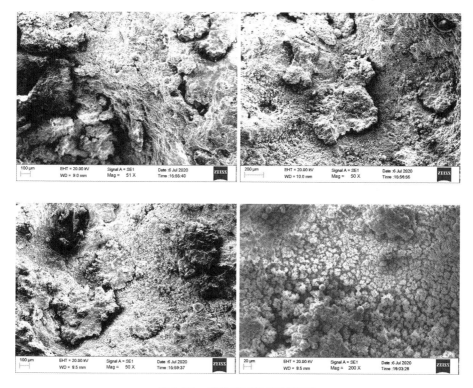

图2.25 螺栓断口的SEM形貌

同时，通过能谱分析技术（EDS）对断面进行了整体成分分析，分析位置及分析结果如图2.26、图2.27及表2.8、表2.9所示。元素分析结果显示，螺栓断口处化学成分主要由Fe元素以及O元素组成，含量分别为55%、33%左右，说明螺栓断面的主要腐蚀产物为Fe的氧化腐蚀产物。除Fe、O两种元素以外，Al、Si元素应来自于铝合金材质的线槽，而Zn元素应来自螺栓的镀锌防腐层。未在断面上发现S、Cl等典型腐蚀性元素，说明螺栓的腐蚀为自然氧化腐蚀，而不是酸雨或工业废气导致的外界污染腐蚀。

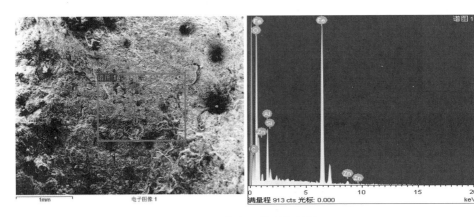

图2.26　螺栓断口的分析位置1

表2.8　螺栓断口位置1的EDS分析结果(wt%)

元素	C	O	Al	Si	Fe	Zn
含量	1.08	33.27	5.73	1.45	54.96	3.51

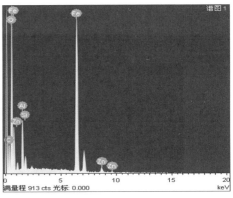

图2.27　螺栓断口的分析位置2

表2.9　螺栓断口位置2的EDS分析结果(wt%)

元素	C	O	Al	Si	Fe	Zn
含量	1.02	37.89	5.49	1.16	52.12	2.33

3. 综合分析

从试验结果可以看出，断裂的螺栓已经被严重腐蚀，腐蚀的主要产物为Fe的氧化产物。螺栓的材质为普通碳素钢，其原始表面有镀锌防腐层。但是，随着螺栓使用年数的增加，螺栓表面的镀锌层被逐渐腐蚀，进而消失。失去镀锌层保护的碳素结构钢的防腐性能较差，其含有的C元素与Fe元素极易在潮湿环境中形成电化学腐蚀，使得Fe元素逐渐形成氧化腐蚀产物。腐蚀程度逐渐加深后，螺栓的力学性能明显下降，而螺栓作为结构部件，需要承受较大的结构应力。当腐蚀使得螺栓的力学性能不足以承受结构应力时，即发生脆性断裂，导致地线掉线。

本次故障是线路长期运行后常见的故障种类之一。线路中使用的金属部件在自然环境中发生腐蚀是难以避免的现象，今后应从选取防腐性能更好的材质、提升防腐层的性能、加强检修力度、提前更换严重事故金具等方面发力，以减少类似故障的发生。

2.2.5 220 kV 兰岩 ×××× 线闸刀连杆球头螺栓断裂

设备类别：【线路】【球头螺栓】

材料类型：铝合金

服役环境：户外露天

1. 事件概况

500 kV兰亭变220 kV兰岩××××线在服役过程中，拉开线路接地闸刀后，地刀连杆断裂，检查发现为地刀连杆球头螺栓断裂。国网浙江检修公司变电检修中心将断裂的地刀连杆球头螺栓送至电科院，要求开展连杆断裂处材质检测和金相检测，以确定连杆断裂原因。送检闸刀连杆球头螺栓断裂实物照片如图2.28所示。该闸刀生产厂家为宁波阿鲁亚德胜隔离开关有限公司，型号为DC231–2ED50。

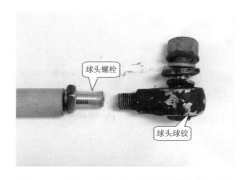

图2.28　地刀连杆球头螺栓断裂实物形貌

2．试验分析

（1）宏观检查。

送检的地刀连杆球头螺栓断口形貌如图2.29、图2.30、图2.31所示，可见断裂部位在球头螺栓的螺纹处，图2.29中除断口螺纹外，其外侧两道螺纹也有明显腐蚀现象。体视镜下观察断口，可见起始断裂区均存在明显的腐蚀形貌，断口其余区域为最终断裂区，颜色白亮无腐蚀。由此可判断球头螺栓首先自腐蚀螺纹部位启裂并存在有一定时间，在后期连杆多次动作后发生脆性断裂。

图2.29　地刀连杆球头螺栓断裂处螺纹宏观形貌

图2.30　地刀连杆球头螺栓断裂处断口宏观形貌（左侧局部锈蚀）

图2.31　地刀连杆球头螺栓断口处螺纹锈蚀形貌

（2）化学成分分析。

利用激光光谱分析仪对图2.28所示地刀连杆中一体成型的球头螺栓和球头球铰进行化学成分初步分析，测试结果如表2.10所示。

表2.10　地刀连杆球头螺栓和球铰主要化学成分测试结果（wt%）

部位	Al	Zn	Mg	Cu	Si	Fe	Ni
球头螺栓	91.35	6.19	1.06	1.05	0.10	0.12	0.11
球头球铰	91.63	5.76	0.99	1.03	0.14	0.13	0.20

分析测试结果表明，送检的地刀连杆球头螺栓和球铰除了Al元素基体外，还含有6%左右的Zn元素，1%左右的Mg和Cu元素。参照GB/T 3190—2008《变形铝及铝合金化学成分》标准，仅7系铝合金成分中Zn元素含量高于3%，其余各系铝合金Zn元素含量远低于1%。因厂家未提供地刀连杆设计材质牌号，实际牌号无法准确确定，但连杆球头螺栓和球铰的实测成分最接近于7075、7175或7475等牌号的7系铝合金。

（3）金相试验分析。

对图2.30所示球头螺栓断口腐蚀部位纵向切割取样，镶嵌后进行磨制、抛光和侵蚀后，在金相显微镜下观察其微观组织，金相试验结果如图2.32～图2.37所示。

图2.32 球头螺栓断口处切割取样的金相试样形貌

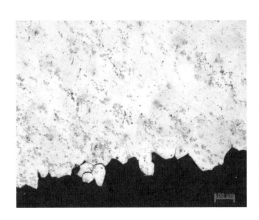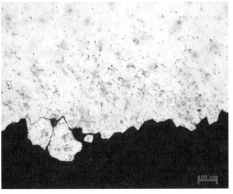

图2.33 球头螺栓断口金相照片（断面有微裂纹和碎裂剥落现象）

图2.34 球头螺栓断口附近螺牙处碎裂损伤和沿晶开裂形貌

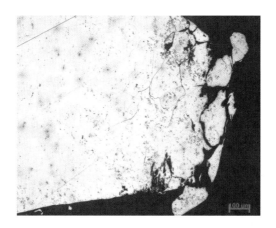

图2.35　球头螺栓断口附近螺牙处碎裂损伤形貌

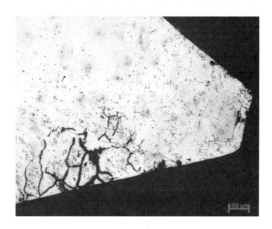

图2.36　球头螺栓断口附近螺牙处沿晶腐蚀开裂形貌

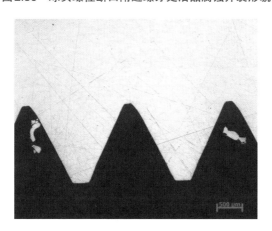

图2.37　球头螺栓完好无损的螺牙处形貌

从金相试验结果来看，球头螺栓的断面处有沿晶发展的微裂纹和碎裂剥落现象；另外，断口附近的2道螺纹螺牙分别有碎裂损伤和沿晶腐蚀开裂现象，在后期也有形成新的裂纹源导致开裂的可能。

3. 结论

综合分析上述球头螺栓试验结果，有如下结论：

（1）送检的地刀连杆球头螺栓和球铰化学成分与7系铝合金中部分牌号高度一致。

（2）送检的地刀连杆球头螺栓断裂开始于螺纹腐蚀部位，在后期连杆频繁操作过程中裂纹逐步扩展，最终导致脆性断裂失效。

（3）起始断裂部位金相试验显示断面有沿晶微裂纹和碎裂剥落现象，断口附近2道螺纹螺牙分别有碎裂损伤和沿晶腐蚀开裂现象。

根据Q/GDW 11717—2017《电网设备金属技术监督导则》第4.3.1条有关腐蚀防护监督要求：在重污染环境中以及在户外工作的金属部件应选用防腐蚀性能较好的材料，如3系、5系、6系等铝合金以及耐腐蚀性不低于06Cr9Ni10的奥氏体不锈钢。禁止使用防腐蚀性能较差，易形成剥层腐蚀的2系、7系铝合金。另外Q/GDW 12016.1—2019《电网设备金属材料选用导则 第1部分：通用要求》第4.8条要求：户外环境下不应选用2系和未经防腐处理的7系铝合金。

根据送检地刀连杆球头螺栓化学成分分析结果，基本判断其属于7系铝合金材质，且断口初始断裂部位存在明显的腐蚀现象，地刀连杆球头螺栓因腐蚀原因导致螺纹部位开裂，根本原因为地刀连杆部件选材不当，露天环境下长期使用后导致腐蚀断裂。

2.2.6 110 kV 永烟甲天 ×××× 线地线断裂

设备类别：【输电线路】【地线】

材料类型：铝包钢

服役环境：工业区，下方有垃圾电厂

1. 事件概况

2021年11月8日2时22分永烟甲天××××线、永台河海纬×××线跳闸，特巡后发现110 kV永烟甲天××××线××号杆塔塔头双地线断线，永烟甲天××××线××号塔大号侧左侧地线搭挂在永台河海纬×××线××号塔大号侧A相100 m处，右地线搭挂在永烟甲天××号塔B相大号侧处，永烟甲天××××线××号塔头地线断线，地线搭挂在永烟甲天××××线BC相导线上。现场如图2.38所示。

图2.38　断裂地线现场照片

永烟甲天××××线9号至××号为耐张段，全长2 277 m，断线档为××号~××号段，长1 103 m，下方跨越伟明垃圾电厂。单回路三角排列CBA，导线型号为超耐腐蚀导线A1F(SZ)+SA1A–250+40，地线型号为铝包钢地线JLB–20A–50。

此次永烟甲天××××线送样共4股：永烟甲天左地线断头1、永烟甲天左地线断头2，永烟甲天右地线断头1、永烟甲天右地线断头2。

2．试验分析

（1）宏观检查。

图2.39是永烟甲天左地线两个断头的宏观照片。每个断头均有7根钢绞线，地线表面为黄锈色，完全失去了金属的光泽，腐蚀较严重，测量其单丝直径为1.98 mm。左地线的断头1断裂的部位较齐整，左地线的断头2有2根钢绞线比剩余

5根长出约4 cm。

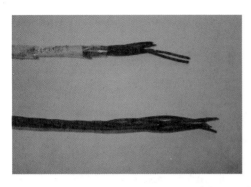
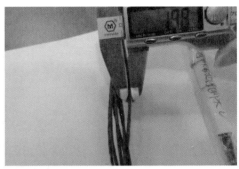

图2.39　永烟甲天左地线断头宏观照片

图2.40和图2.41分别是永烟甲天右地线两个断头的宏观照片和右地线断头1表面腐蚀情况。右地线断头1的7根钢绞线较松散，与图2.38中的现场照片一致。右地线断头2的钢绞线缠绕较为紧密，但只有6根，缺失1根。两个断头地线表面均为黄锈色，完全失去了金属的光泽，腐蚀严重。测量右地线断头1的单丝直径为1.77 mm。

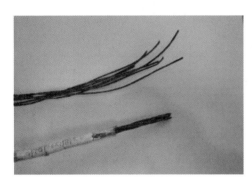

图2.40　永烟甲天右地线断头宏观照片

图2.41　永烟甲天右地线断头1表面腐蚀情况

（2）成分分析。

使用便携式光谱仪对地线进行成分分析，表2.11是光谱成分分析结果，地线成分大致为碳钢。

表2.11　地线成分（wt%）

元素	Si	Mn	Mo	Ni	Cu	Fe
左地线	0.41	0.47	0.12	0.10	0.04	98.85
右地线	0.38	0.42	0.06	0.05	0.03	99.03

（3）金相分析。

分别选取永烟甲天左地线断头1和永烟甲天右地线断头1典型断口进行金相检测。图2.42和图2.43分别是永烟甲天左地线断头1和左地线的金相照片。图2.42所示永烟甲天左地线断头圆滑，与图2.43对比可见金相组织已经发生了受热变化。由图2.43可见永烟甲天左地线的表面仍残留一层厚约0.3 mm的腐蚀层。

图2.42　永烟甲天左地线断头1金相照片

图2.43　永烟甲天左地线金相照片

图2.44和图2.45分别是永烟甲天右地线断头1和右地线的金相照片。图2.44所示永烟甲天右地线断头曲折不平，局部放大处可见金属组织的塑形变形，与图2.45比对可见金相组织未发生变化。从图2.45可见永烟甲天右地线表面已经被腐蚀得凹凸不平。

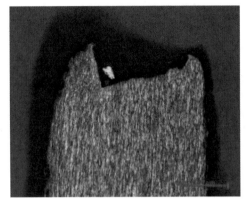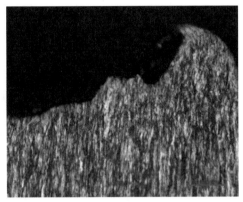

图2.44 永烟甲天右地线断头1金相照片

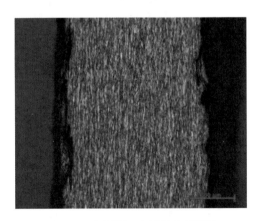

图2.45 永烟甲天右地线金相照片

（4）电镜分析。

分别选取永烟甲天左地线断头1和永烟甲天右地线断头1典型断口进行电镜检测。

图2.46是永烟甲天左地线断头1形貌，断口圆钝，存在金属熔融的痕迹。图2.47是永烟甲天左地线断头1处能谱检测的部位和曲线，结果见表2.12，其检测区域的成分未见异常。

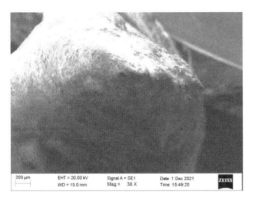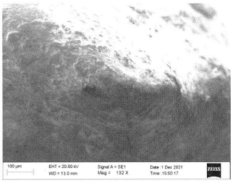

图2.46 永烟甲天左地线断头1形貌

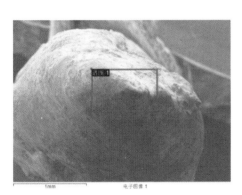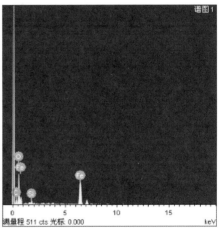

图2.47 永烟甲天左地线断头1测试部位和曲线

表2.12 永烟甲天左地线断头1区域成分

元素	线类型	重量百分比	wt%Sigma	原子百分比
C	K线系	1.41	0.34	3.24
O	K线系	37.88	2.32	65.54
Si	K线系	2.31	0.71	2.28
Fe	K线系	58.40	2.33	28.94
总量	—	100.00	—	100.00

图2.48是永烟甲天右地线断头1形貌，具有拉伸断口特征，且具有纤维区和放射区，颈缩区不明显。图2.49是永烟甲天右地线断头1处能谱检测的部位和曲线，结果见表2.13，其检测区域的成分未见异常。

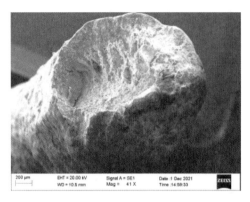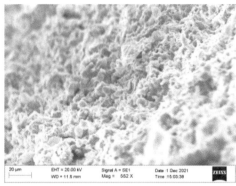

图2.48　永烟甲天右地线断头1形貌

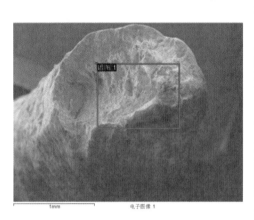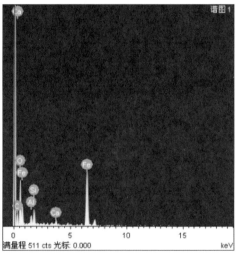

图2.49　永烟甲天右地线断头1测试部位和能谱

表2.13　永烟甲天右地线断头1区域成分

元素	线类型	重量百分比	wt%Sigma	原子百分比
C	K线系	1.63	0.28	4.02
O	K线系	29.47	1.70	54.39
Al	K线系	3.61	0.54	3.95
Si	K线系	5.26	0.61	5.53
Ca	K线系	1.81	0.36	1.33
Fe	K线系	58.21	1.67	30.77
总量	—	100.00	—	99.99

图2.50是永烟甲天右地线表面能谱检测的部位和曲线，结果见表2.14，其检测区域的成分含有S、Cl腐蚀性元素。

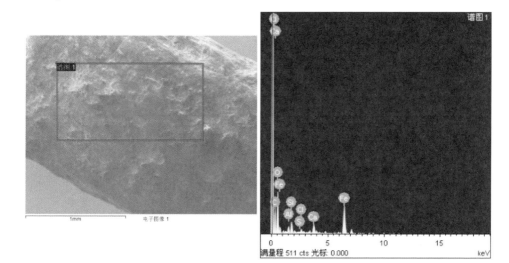

图2.50　永烟甲天右地线表面测试部位和曲线

表2.14　永烟甲天右地线表面区域成分

元素	线类型	重量百分比	wt%Sigma	原子百分比
C	K线系	4.18	0.45	8.47
O	K线系	42.12	2.11	64.04
Al	K线系	2.10	0.54	1.89
Si	K线系	4.57	0.69	3.95

续表

元素	线类型	重量百分比	wt%Sigma	原子百分比
S	K线系	0.27	0.34	0.20
Cl	K线系	1.20	0.45	0.82
Ca	K线系	4.47	0.59	2.71
Fe	K线系	41.09	1.91	17.90
总量	—	100.00	—	99.98

3. 综合分析

110 kV永烟甲天×××线××号杆塔塔头双地线断线，事故当天现场无打雷迹象，故障时段线路通道内为大风带雨天气。

永烟甲天×××线右侧地线断口处存在腐蚀性元素S和Cl，因腐蚀其单丝直径减至1.77 mm，相应的承载能力只剩原承载能力的35%左右，在大风的作用下承载力不足发生了断裂。图2.44和图2.48显示断口特征为拉断，断线搭挂在永烟甲天××号塔B相大号侧处。

永烟甲天×××线左侧地线断口处因腐蚀其单丝直径减至1.98 mm，相应的承载能力只剩原承载能力的44%左右。图2.42和图2.46显示其断口金相组织已受热熔融发生了变化，推断永烟甲天×××线左侧地线断裂是由于右侧地线断裂搭挂在B相时的瞬间大电流作用下发生了熔断。

建议：铝包钢地线在此环境下运行腐蚀严重，应考虑选用其他耐蚀型地线；在仍采用铝包钢地线的情况下应加强巡视，发现腐蚀情况及时更换。

2.2.7 110 kV 大嵊××××线 ×× 号塔电缆终端引流线发热

1. 事件概况

110 kV大嵊×××线投运于2011年5月31日，起于110 kV大衢变，止于110 kV嵊泗变，最后一次检修为2021年1月份。2021年7月30日8时16分，输电运检中心在大嵊×××线保供电红外测温中，发现大嵊×××线××号塔A相电缆终端引流线发热。图2.51是现场导线发热照片。

2022年3月1日，输电运检中心对发热引流线进行了停电更换。

图2.51　现场导线发热照片

输电运检中心将设备线夹出口处约40 cm、中间部位（线夹上方3 m）约40 cm共计两段导线以及线夹样品送至我院，就导线上白色附着物材质、铝股受损等进行检测，分析发热的原因。

2. 试验分析

（1）宏观检查。

图2.52是线夹的宏观照片。线夹两个咬合面的内壁约有一半区域存在一层较厚的白色粉末；剩余灰色区域基本处于线夹内部的对侧，并且沿着导线咬合的方向存在明显的金属熔融颗粒。

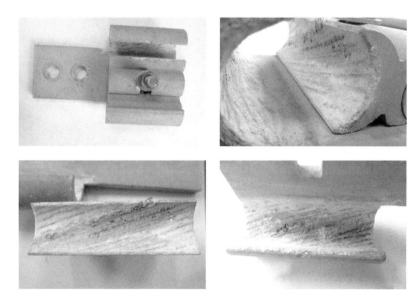

图2.52　线夹宏观照片

图2.53是线夹出口处导线的宏观照片。外周一圈铝绞线较松散，第二层铝层有烧融现象，且附着有不均匀的白色粉末。其中约有15 cm长的一段铝绞线有明显的挤压变形。该处导线有2根断股，一根断口具有金属熔融的特征，另一根明显具有外力破坏特征。

图2.53　线夹出口处导线宏观照片

图2.54是线夹上方3 m处导线的宏观照片。该段导线缠绕紧密，分别有3股和2股（共5股）发白铝绞线沿着导线对侧分布。拉开外层发白的铝绞线，可见大量层片状白色物质且极易变成粉末状。

图2.54 线夹上方3m处导线宏观照片

（2）成分分析。

分别选取线夹上方3m处同一高度正常和发白的铝绞线（以下简称正常和发白），使用便携式光谱仪进行成分分析，表2.15所示是光谱成分分析结果，铝绞线材质为工业纯铝，两根铝绞线成分差异不大。

表2.15 导线成分（wt%）

元素	Zn	Fe	Ni	Pb	Cr	Al
正常	0.17	0.11	0.13	0.03	0.05	99.50
发白	0.11	0.10	0.05	0.03	0.03	99.64

（3）金相分析。

分别选取正常和发白的铝绞线，在镶嵌磨抛后，使用HF水溶液侵蚀，在光学显微镜下进行金相检查。

图2.55是发白铝绞线的金相照片。绞线截面的金相照片显示绞线已基本失去圆形，测量其大致直径约2.72mm。绞线轴向的金相照片显示呈织构状组织，绞线向着空气的外表面凹凸不平，向着导线芯部的外表则相对平坦。

图2.56是正常铝绞线的金相照片。绞线截面的金相照片显示绞线基本保持圆形，测量其大致直径约3.12mm。绞线向着大气的外表面凹凸不平，向着导线芯部的外表则保持完整的圆弧。

正常和发白的铝绞线金相组织未发现缺陷。

图2.55　发白铝绞线金相照片

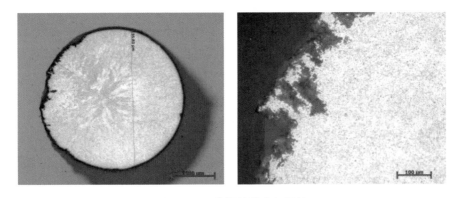

图2.56　正常铝绞线金相照片

（4）电镜分析。

在电镜下检测绞线不同部位微区成分。

图2.57和表2.16是绞线上的白色附着物的检测结果，检测结果显示白色物质为氧化铝。

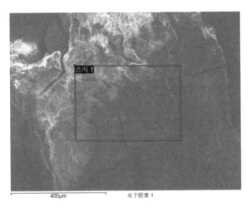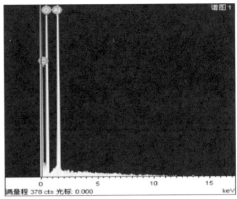

图2.57　白色附着物测试部位和曲线

表2.16　白色附着物成分

元素	C	O	Al
重量百分比	0.20	71.10	28.71

图2.58和表2.17是发白绞线向着空气侧表面检测结果，成分以氧化铝为主，含有少量的Si、Zn等元素。

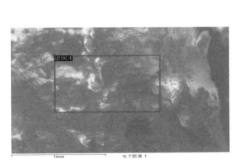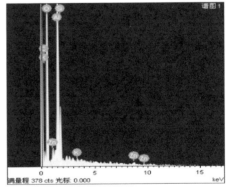

图2.58　发白导线表面测试部位和曲线

表2.17　发白导线表面成分

元素	C	O	Al	Si	K	Zn
重量百分比	0.38	66.87	28.47	2.96	0.29	1.04

在金相样上对绞线的金属氧化物界面处进行检测。图2.59和表2.18是发白绞

线外侧表面，图2.60和表2.19是发白绞线内侧表面（图2.59和图2.60所示的电镜照片对应图2.55所示的金相照片），在近金属表面的氧化层中均检测到少量的S元素。

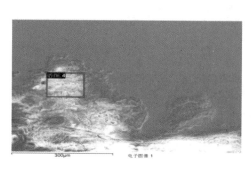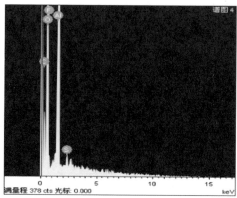

图2.59　金相样发白绞线外侧表面测试部位和曲线

表2.18　金相样发白绞线外侧表面区域成分

元素	C	O	Al	F	S
重量百分比	1.00	62.21	32.27	4.07	0.45

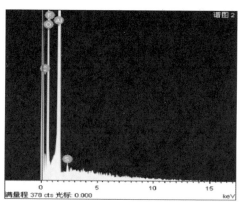

图2.60　金相样发白绞线内侧表面测试部位和曲线

表2.19　金相样发白绞线内侧表面区域成分

元素	C	O	Al	F	S
重量百分比	0.66	25.36	72.48	1.24	0.26

图2.61（电镜照片对应图2.56中的金相照片）和表2.20是正常绞线金相样外侧的成分，在近金属表面的氧化层中也检测到少量的S元素。

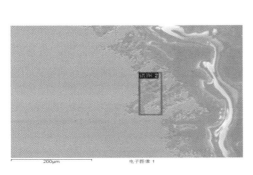
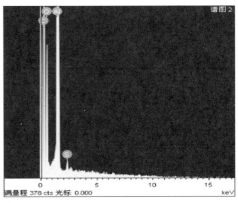

图2.61　金相样正常导线外侧表面测试部位和曲线

表2.20　金相样正常导线外侧表面区域成分

元素	C	O	Al	S
重量百分比	10.12	21.03	68.30	0.55

3. 综合分析

110kV大嵊××××线投运已超过10年，其××号塔A相电缆终端引流线发热。该导线和线夹内壁均有不同程度的氧化腐蚀，氧化腐蚀产物为氧化铝。在绞线的氧化层界面处均发现S元素，同时××号塔位于海边，受潮湿空气中Cl元素影响较大（尽管实验中Cl元素含量低于电镜能谱的检出限值），这些元素均会加速铝的氧化腐蚀。

线夹及导线处存在不均匀的氧化腐蚀，直接影响线夹和导线内的电流分布。线夹内壁白色的氧化铝会降低导电性，从而使得线夹内灰色区域（腐蚀程度较轻）通过更多的电流，导致过度温升，甚至出现铝的熔融颗粒。铝导线股间氧化使得单股铝绞线向周边分流电流能力减弱，与线夹灰色区域接触的单股铝绞线将通过更多的电流，温度也会更高，长时间高温会加剧铝导线的不均匀氧化腐蚀，使得在同一根导线内出现两侧发白的铝绞线，发白铝绞线的直径相比正常的减少了12.8%，进一步增大电阻并减小承载力，在极端的条件下甚至出现铝绞线熔断的情况。

2.2.8 500 kV 宁海变宁龙××××线开关流变一次导电杆开裂

1. 事件概况

2020年10月，宁海变宁跃××××线、宁龙××××线在检修（配合宁波跃龙变整站改造工作）过程中，检修人员发现宁龙4P50线开关流变C相一次导电杆部位处发生严重的氧化开裂。该处故障现场无法处理，准备更换流变。台账信息显示，该流变生产厂家及型号为上海MWB IOSK245，投运时间为2005年7月25日，上次检修时间为2016年11月25日。故障现场如图2.62所示。

图2.62　宁龙4P50线开关流变一次导电杆开裂的故障现场照片

为进一步分析导电杆开裂的具体原因，明确导电杆材质是否合格，将故障导电杆送至电科院材料室进行相关试验分析。

2. 试验检测

（1）宏观检测。

首先对开裂导电杆进行宏观检查，其典型宏观形貌如图2.63所示。从图中可以看出，导电杆为T形，金属光泽较弱，其一端为引流板，杆体的外径约为60 mm。导电杆杆体部分均存在不同程度的开裂以及类似"起皮"现象的层状剥落。剥落的层数较多，影响面积较大。很大一部分层状物已经从杆体上掉落，因此造成部分导电杆杆体缺损。剥落情况最严重处，杆体直径已减薄约5 mm。值得一提的是，该导电杆的失效情况与2017年同样来自宁波公司的宁海变穿芯导电杆失效故障高度类似，如图2.64所示。

图2.63　导电杆开裂部位的宏观形貌

图2.64　2017年宁波公司宁海变穿芯导电杆失效情况照片

（2）成分分析。

采用手持式X射线荧光光谱仪对导电杆进行材质复核，其结果列于表2.21中。查看GB/T 3190—2008《变形铝及铝合金化学成分》中对于变形铝合金的成分要求，导电杆的化学成分基本符合牌号为2Al2铝合金的要求，但是其Mg元素的含量低于国标要求。整体来看，导电杆的材质应为2Al2变形铝合金，但是其元素成分不合格。

表2.21　导电杆的化学成分(wt%)

元素	Mn	Fe	Cu	Mg	Si	Zn	Ni	Al
护套	0.43	0.21	4.05	1.05	0.15	0.08	0.03	94.00
2Al2	0.3～0.9	≤0.50	3.8～4.9	1.2～1.8	≤0.50	≤0.30	≤0.10	余量

（3）金相分析。

将导电杆表面的剥落层去掉，取未见明显缺陷部位处的材料切割制样，打磨抛光，置于光学显微镜下对其截面进行检查，如图2.65所示。导电杆的晶粒呈长条形，且晶粒尺寸较小，组织中分布着数量众多的第二项析出加强相，这表明此导电杆是由挤压和拉拔等轧制工艺制备而成。整体来看，导电杆为典型的变形铝合金金相组织，与2Al2铝合金的标准金相组织相符合，未见明显异常。

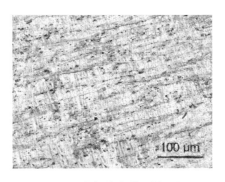

图2.65　导电杆的光学显微组织

（4）SEM及EDS分析。

将导电杆样品置于扫描电子显微镜下观察其表面微观形貌，不同区域的典型形貌如图2.66所示。从图中可以看出，导电杆层状剥落区域的表面由数量众多的块状或片状物堆叠而成。导电杆表面分布着大量的导电性较差的颗粒，应为腐蚀产物，而在宏观上未发生层状剥落的表面，可以明显观察到已经形成大量形状不规则的点状或胞子状物质。

与此同时，通过EDS技术对上述区域进行成分分析，分析位置及分析结果如图2.67、图2.68及表2.22和表2.23所示。结果显示，导电杆表面含有高达60.07wt%的O元素以及31.37wt%的Al元素。从元素组成及比例来看，导电杆表面的物质应为金属Al的氧化物，该类物质一般通过腐蚀过程形成。同时，还在导电杆表面检测出了一定含量的金属Mg、Mn和Cu元素，这三者应来自基体材料2Al2铝合金的合金元素。

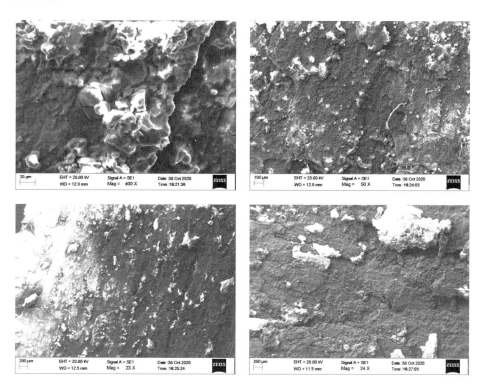

图2.66　导电杆的SEM形貌

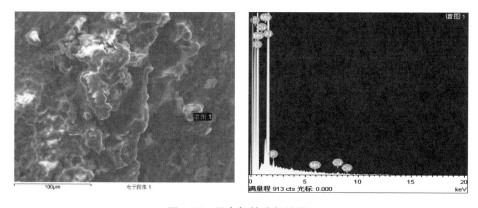

图2.67　导电杆的分析位置1

表2.22　导电杆分析位置1的EDS分析结果1（wt%）

元素	C	O	Mg	Al	P	Mn	Cu
含量	3.65	57.62	0.90	36.71	0.38	0.26	0.48

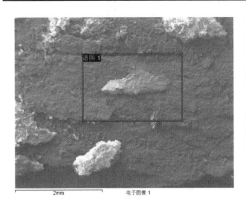 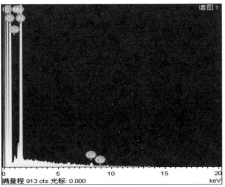

图2.68　导电杆的分析位置2

表2.23　导电杆分析位置2的EDS分析结果2（wt%）

元素	C	O	Mg	Al	Cu
含量	6.75	60.07	0.66	31.37	1.14

3.　综合分析

综合上述试验结果，可知导电杆层状剥落物质应为腐蚀产物，因此腐蚀是导致该导电杆表面发生开裂以及层状剥落的主要原因。

为了使2Al2铝合金获得优异的力学性能而加入了较高含量的Cu元素，经T4热处理后在金相组织中主要形成θ相（Al2Cu）、S相（Al2CuMg）和β相（Al7Cu2Fe）等金属间化学物作为第二相起到强化作用。但是，这些第二相和基体之间的电极电位差距很大。含Mg元素的S相电极电位较低，与基体在电解介质中形成原电池而发生阳极溶解，从而形成腐蚀。腐蚀最初在拐臂表面的个别区域开始萌芽，该阶段以点蚀为主。接着，腐蚀以点蚀形成的腐蚀坑为中心向周围扩展，当腐蚀产物在大部分表面连续分布时，材料从点蚀阶段进入全面腐蚀阶段。随后，腐蚀进一步向深层次发展，由于腐蚀形成产物［参考李一等人的论文《2Al2铝合金在盐雾环境下的腐蚀行为与腐蚀机理研究》，腐蚀产物应主要为Al_2O_3，$AlCl_3$及$Al(OH)_3$］的体积和变形能力等物理性质与原基体金属不同，会在晶界发生"楔入效应"而产生应力。在应力作用下，腐蚀产物或发生龟裂或以粉末的形式脱落。

2系Al–Cu基以及7系Al–Mg–Cu–Zn基变形铝合金在沿海露天环境中的抗腐蚀能力较差，容易发生开裂以及层状剥落，这已经被大量电气设备故障所印证。2系以及7系铝合金的户外使用已经被浙江省公司明确为电气设备的家族性缺陷。因此，浙江省公司在2018年牵头编写的新版国网公司标准Q/GDW 11717—2017《电网设备金属技术监督导则》中已经把相关内容编入了标准，在4.3.1条款中规定："在重污染环境中以及在户外工作的金属部件应选用防腐性能较好的材料，如3系、5系、6系等铝合金以及耐腐蚀性不低于06Cr19Ni10的奥氏体不锈钢。禁止使用防腐性能较差，易形成剥层腐蚀的2系、7系铝合金。"因此，使用2系变形铝合金的导电杆不符合标准。

总的来看，本次导电杆开裂是一起典型的材质设计错用引发腐蚀的家族性缺陷。

2.2.9　220 kV 宣家变仪家××××线闸刀连杆断裂

1. 事件概况

2019年1月15日，绍兴供电公司在对仪家××××线路闸刀进行分闸操作时，运维人员发现闸刀机构及垂直连杆正常动作，处于分闸状态。但线路闸刀导电杆仍处于合闸位置，无法分闸。现场运维人员进一步检查发现线路闸刀主传动连杆断裂，如图2.69所示。

仪家××××线路闸刀生产厂家为湖南长高高压开关集团股份公司，设备型号GW7C-252Ⅱ DW，出厂编号：710008，设备投产日期：2008-01-26。上次检修日期为2014年2月，最近一次操作维护日期为2018年3月6—9日（仪家4328测控装置更换），操作正常。

图2.69　现场开裂详情图

口头告知断裂连杆材质为304。

2. 检查分析

（1）宏观检查。

图2.70是断裂的仪家××××线路闸刀主传动连杆照片，图中断裂的连杆已有斑斑锈迹，整个断口腐蚀更明显，呈黄褐色。断口未见塑性变形，图中断口左右两侧可见贝纹，裂纹分别从两侧开始扩展直至断裂。

图2.70　样品及断口形貌

（2）成分与金相组织。

对断裂连杆取样进行光谱成分测试，结果见表2.24。根据测试结果判断，断裂连杆的材质关键的几种元素均未达到304的要求，也未能与国内的不锈钢牌号匹配。

表2.24　光谱成分分析（wt%）

元素	C	Mn	Cr	Ni	P	S
304	<0.08	<2.00	18.0~20.0	<8.0~10.5	<0.045	<0.03
断裂连杆	0.215	3.405	16.823	6.736	0.031	0.017

图2.71为连杆断口未侵蚀的金相照片，裂纹从连杆的圆弧过渡处开裂，在裂纹的中部能见到明显的腐蚀孔洞。图2.72是连杆断口侵蚀后的金相照片，金相组织为奥氏体+少量铁素体，裂纹沿晶扩展。

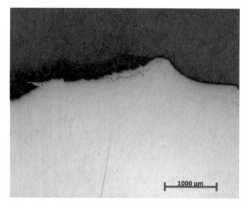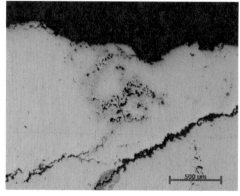

图2.71　裂纹形貌（未侵蚀）

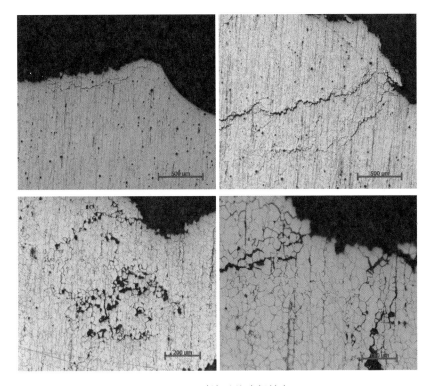

图2.72　裂纹形貌（侵蚀）

（3）SEM与EDS分析。

图2.73是连杆断口的微观形貌，呈冰糖状。

图2.74是连杆断口处能谱成分测试的部位及测试曲线，测试数据见表2.25，断口处O元素含量很高，是腐蚀氧化的结果，断口处还检测到具有腐蚀倾向的S元素。

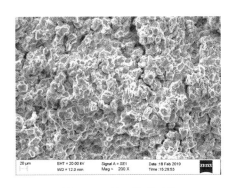

图2.73　断口微观形貌

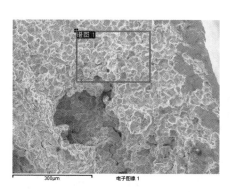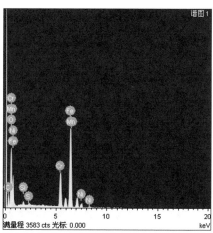

图2.74 裂纹成分能谱测试曲线

表2.25 裂纹能谱成分分析（wt%）

元素	C	O	Si	S	Cr	Mn	Fe	Ni
含量	1.02	18.94	0.97	0.32	14.77	2.7	56.67	4.61

3. 综合分析

220kV宣家变仪家××××线闸刀断裂连杆材质的成分未能与不锈钢的牌号匹配，C、Mn含量偏高，Cr、Ni含量偏低，使其抗腐蚀性能下降。金相检测裂纹沿晶扩展，裂纹内检测到S等腐蚀元素。闸刀连杆断裂的原因为应力腐蚀开裂。

建议将断裂的连杆更换为与设计相符的合格材质，并对该批设备的同批连杆进行扩大检查。

第三章 浙江输电铁塔腐蚀调研及评估

为了确保输变电线路安全、可靠运行，降低输变电线路事故率，浙江省公司对典型输变电铁塔的腐蚀现状进行了全面排查。排查范围覆盖浙江省11个地级市，涉及162条输变电线路（295基铁塔），排查内容涵盖输变电铁塔的塔脚、角钢、引下线、防盗螺栓、金具等金属部件。本次排查主要发现以下问题：①塔脚交界面处角钢腐蚀较为严重，且部分保护帽内的角钢存在隐蔽腐蚀；②引下线减薄十分普遍，老旧引下线减薄严重，甚至锈断；③铁塔角钢存在不同程度的腐蚀；④防盗螺栓腐蚀程度强于塔身角钢，须加强防腐。通过总结排查结果，确定了目前输变电铁塔亟待解决的防腐蚀问题，利于今后有针对性地寻求防腐措施。此外，分别绘制了铁塔角钢、塔脚、引下线、螺栓、金具的腐蚀区域分布图，从而对掌握浙江省公司输变电铁塔腐蚀状态具有普遍的指导意义。

3.1 背景及现状

电力输送网络承担着全国电力传输的任务，其中输变电铁塔的安全可靠运行对于保障电力可靠输送至关重要。作为输变电系统中重要的基础设施之一，输变电铁塔本身的腐蚀破坏情况直接关系到整个输变电系统的可靠性和用电网络的安全性，也是确保电力设备安全运行和人身安全、维护电力系统可靠运行的重要因素。浙江省是经济大省，工业发达，电力需求量十分庞大，是一个电网密度极高的省份，建设有包括"溪—浙""向—上"特高压在内的众多高压等级输电线路，其中220 kV等级以上线路总长就超过20 000 km。浙江电网的安全运行直接关系到整个华东电网的供电安全。

输变电铁塔包含铁塔本体、金具、接地装置、基座等金属（或含金属）构件，其曝露在外界环境中会逐渐发生腐蚀，降低承重、连接、导流等性能，进而形成安全隐患点；并且，腐蚀是个渐进过程，将随着设备服役时间的增长而逐渐加重。若不能及时消除隐患点，将直接威胁电网的安全稳定运行。输变电铁塔大多采用热镀锌防腐技术。镀锌层对于铁塔基体材料与腐蚀环境具有隔离作用和阴极保护作用。一方面锌在大气中的腐蚀速度大约是钢铁的1/15，能够有效保证外部腐蚀介质不与钢材基体直接接触；另一方面以锌牺牲阳极的形式防止构件基体材料腐蚀来保证铁塔的结构强度。

日本热镀锌协会曾在1964—1974年进行了热镀锌大气曝露试验，结果如表3.1所示。

表3.1　热镀锌在大气环境下的耐用年限

地区	锌附着量							
	400/（g/m²）		500/（g/m²）		600/（g/m²）		600/（g/m²）（无日光）	
	腐蚀量 /[g/(a·m²)]	耐用年数/a	腐蚀量 /[g/(a·m²)]	耐用年数/a	腐蚀量 /[g/(a·m²)]	耐用年数/a	腐蚀量 /[g/(a·m²)]	耐用年数/a
重工业区	40.1	9	40.6	11	40.1	13	18.1	30
沿海地区	10.8	33	10.9	41	10.8	50	11.5	47
郊外地区	5.4	67	5.2	86	5.2	104	5.2	104
城市地区	17.5	21	17.7	25	17.7	30	17.5	31

近年来的使用情况表明，镀锌层防腐蚀的实际寿命远远小于表3.1中的数值，主要原因是环境污染和全球气候恶化。在干燥空气中，锌镀层具有良好的保护性能，但在沿海等潮湿环境中，锌表面会生成一层氢氧化锌，在二氧化碳作用下生成碱式碳酸锌。该腐蚀产物疏松、体积较大，因此防护作用显著降低。锌在工业污染严重地区，对二氧化硫、二氧化氮等的耐腐蚀性能较差，随环境中二氧化硫或二氧化氮的含量增加，耐腐蚀性能下降。

2008年南方冰灾中，湖南地区由于线路覆冰而出现大面积倒塔现象［如图3.1（a）所示］，其主要原因就包含环境腐蚀导致杆塔构件强度缺失。

（a）铁塔倒塔现象　　　　　　　　　（b）塔脚防盗螺栓腐蚀情况

图3.1　铁塔腐蚀及其危害

福建三明局220kV后富线为后山变至富兴变联络线，其1号至3号、5号至10号铁塔主材、联板腐蚀程度较重，主要原因系后山出线段地处三明钢铁厂、化工厂及化学试剂厂（生产硫酸、盐酸）周边，受污染物，特别是酸雾的影响。处于海洋气候的厦门局将鸿线7号、8号铁塔腐蚀严重。漳州220kV总南线与三明局220kV增列线由于地处山区，那里植物茂盛，环境十分潮湿，塔脚部位腐蚀严重〔如图3.1（b）所示〕。在山东淄博地区调研时发现，500kV淄潍线近四五年出现多基塔脚腐蚀，使上底座和护板减薄至设计厚度的1/2，已经对杆塔的安全运行产生不良影响。在500kV川淄线调研中发现，部分铁塔多处主材、联板的镀锌层出现红褐色锈斑，腐蚀较重。杆塔所处位置为农田，而附近日用陶瓷、建筑陶瓷生产厂家较多，烧结等工业废气排放较多，污染严重。浙江电网输电运维中心2015年对500kV瓶阳5437线、窑阳5438线进行了登杆检查，发现杆塔金具腐蚀严重，存在严重的安全隐患。

在海洋气候中，较大的空气湿度和盐含量，使热镀锌层的腐蚀加剧，导致其使用寿命缩短。烟台地区龙汤一、二线，龙东线、龙沈线等近海岸电厂出线线路常年受潮湿海风侵蚀，杆塔和导线腐蚀严重。在四面环海的广东南澳县，一条10kV的配电线路在1993—1997年间，由于严重的盐雾腐蚀使架空导线断线15起。镀锌的杆塔铁构件半年左右就开始生锈，一年后就锈迹斑斑。

从以上的实例中我们不难发现，目前的热镀锌铁塔防腐和日常的富锌涂料的维护难以满足设计使用寿命的要求，需要研发新型防护技术防止铁塔的腐蚀，以保证输电线路的安全。

3.2 排查的重要性及目的

电力资源是我国的重要能源资源，对于促进经济快速发展和改善人民生活具有重要的保障作用。从世界其他国家发展看，发电用能源占一次能源比重呈不断上升趋势，在21世纪，我国发电用能源占一次能源比重也不断上升。我国电力生产始终保持较高的增长速度，并形成了以火电为主的发电结构，电网互联初具规模。电力输送网络承担着全国电力传输的任务，其中输变电铁塔的安全可靠运行对于保障电力可靠输送至关重要，但铁塔在大气环境下的腐蚀对其安全可靠运行构成了严重的威胁。由于国内对腐蚀行为研究起步较晚，相关的数据积累匮乏，与国际一些国家在腐蚀行为研究方面差距还很大，我们在这方面需要开展的工作还有很多。所以，输变电铁塔腐蚀普查所表现出来的重要性不仅仅局限在延长其使用寿命、提高资产完整性和减少维修更换费用等方面，还有对腐蚀行为方面的研究，发现输变电铁塔各部位在不同腐蚀环境下的腐蚀规律，从而制订相应的防腐措施。

目前，浙江省公司未开展涉及全省的输变电铁塔腐蚀调研及评估工作，未能对浙江电网实际腐蚀情况有全面翔实的掌握。浙江电科院依托前期科技项目研究，已绘制了"浙江省大气腐蚀性区域分布图"以及"浙江省土壤腐蚀性区域分布图"，这对指导浙江电网防腐具有积极作用；但上述成果目前仍处于理论阶段，并未开展全省范围的实地调研，未能获得第一手的现场腐蚀数据，未形成更具针对性的浙江省输变电铁塔腐蚀程度区域分布图。省运维公司及各供电公司虽然对输电线路会有定期的运维巡视，但限于人力，也只能做到对部分高电压等级或老旧线路等重点线路的巡检，所掌握的数据量有限；另外，传统运维巡视盲目性较大，选取调研点时未能与浙江省大气及土壤腐蚀环境结合考虑，获得的调研数据往往无法全面代表整个浙江省输变电铁塔的腐蚀情况。

本项目以输变电铁塔的杆塔、金具、接地装置、基座等金属构件为调研对象，参考"浙江省大气腐蚀性区域分布图"以及"浙江省土壤腐蚀性区域分布图"，划分出符合海洋大气、沿海环境、重酸雨区、典型重工业污染区、一般大气区等不同区域，并结合土壤腐蚀特性以及山地、农田等不同地貌，通过调研至少200座不同电压等级线路铁塔，力图评估浙江省输变电铁塔金属构件的腐蚀现状，掌握其腐蚀特征。通过本次调研，可实现对输变电铁塔全面的性能评估和安全检查，获得大量现场腐蚀数据，形成涵盖全省的输变电铁塔腐蚀区域图，建立浙江电网铁塔腐蚀数据库；并且，能够掌握浙江省环境条件下电网输变电铁塔存在的典型腐蚀问题及腐蚀特征，通过分析确定腐蚀关键因素，可为今后浙江电网运行维护、防腐工作实施提供科学指导，为后续关键防腐技术的研发提供现场数据支撑。

3.3 铁塔评估内容及依据

3.3.1 评估内容

本次输变电铁塔腐蚀普查为选点普查，对浙江省内11个电业局所辖范围内的典型输变电铁塔进行外观腐蚀调查以及腐蚀程度测试，其中以沿海地区、重工业污染区以及服役年限较长的线路中的输变电铁塔为调查重点。

本次输变电铁塔调查方式：

（1）对所调查铁塔各部位进行拍照记录，并做出相应的外观腐蚀评价；

（2）对镀锌层/锈层厚度、减薄量、接地电阻值等参数进行检测；

（3）记录铁塔编号以及所在位置，以便进行后续的调查研究；

（4）在调查过程中，对有问题的输变电线路出具状态评估报告及相应的隐患整改建议单。

3.3.2 评估依据及标准

《金属和合金的腐蚀　大气腐蚀性分类》（GB/T 19292.1—2003）。

《金属和合金的腐蚀　大气腐蚀性 腐蚀等级的指导值》（GB/T 19292.2—2003）。

《金属和合金的腐蚀　大气腐蚀防护方法的选择导则》（GB/T 20852—2007）。

《磁性基体上非磁性覆盖层　覆盖层厚度检测 磁性方法》（GB/T 4956—2003）。

《输电线路铁塔制造技术条件》（GB/T 2694—2010）。

《电力金具制造质量　钢铁件热镀锌层》（DL/T 768.7—2002）。

《接地装置特性参数测量导则》（DL/T 475—2006）。

《接地系统的土壤电阻率、接地阻抗和地面电位测量导则　第1部分：常规测量》（GB/T 17949.1—2000）。

《接触式超声波脉冲回波法测厚》（GB/T 11344—1989）。

3.3.3 检测装置

本项测试采用的主要仪器包括：①ECM-2100腐蚀检测仪，用于现场大气及土壤环境腐蚀性检测分级；②Fluke接地电阻测试仪，用于铁塔接地电阻及土壤电阻率测试；③Elcometer 456涂层测厚仪，用于铁塔表面镀锌层/锈层厚度测量；④Model 26MG超声波测厚仪，用于塔脚金属测厚。如图3.2所示。

（a）ECM-2100腐蚀监测仪

（b）Fluke接地电阻测试仪

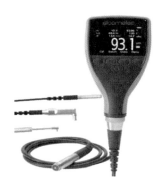

（c）Elcometer 456涂层测厚仪

（d）Model 26MG超声波测厚仪

图3.2　本次检测所采用的仪器

3.3.4 腐蚀检测与评估内容

利用ECM-2100腐蚀检测仪对铁塔所处大气及土壤腐蚀环境进行分级评估，利用Elcometer 456涂层测厚仪检测铁塔角钢表面镀锌层厚度、锈层厚度，利用Fluke接地电阻测试仪检测铁塔接地电阻值，利用Model 26MG超声波测厚仪检测除锈后的塔脚厚度，对典型铁塔保护帽进行开帽检查等一系列研究，对输电铁塔金属构件腐蚀状态进行全面检测及评估，并提出优化建议。

3.3.5 铁塔评估技术路线

铁塔评估技术路线如图3.3所示。

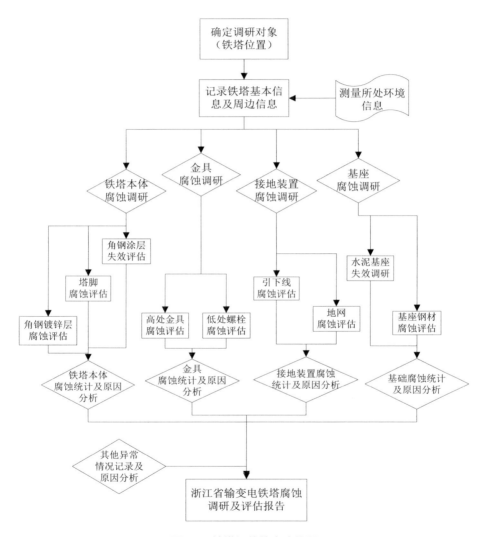

图3.3 铁塔评估技术路线图

3.4 调查结果及分析

本次输变电铁塔腐蚀普查遍及浙江省11个地级市，涉及162条输变电线路，线路分布情况如图3.4所示。

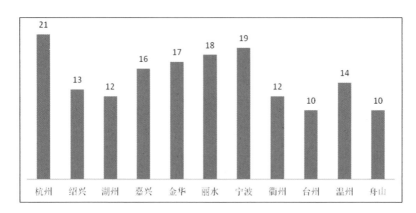

图3.4　2016年输变电铁塔腐蚀普查线路分布图（按地级市划分）

按照输变电铁塔塔体结构，本次腐蚀调查主要将铁塔腐蚀情况分为塔脚、角钢、螺栓、引下线和金具五部分，分别拍照及测试进行分析和总结，并对其腐蚀程度分别评级：状态良好A（绿色标识），轻度腐蚀B（蓝色标识），明显腐蚀C（黄色标识），严重腐蚀D（红色标识）。

3.4.1 塔脚腐蚀情况

1. 塔脚腐蚀调查结果

本次排查的162条输变电铁塔线路中，铁塔塔脚存在明显腐蚀（C级）的有32条线路，占比23%；铁塔塔脚存在严重腐蚀（D级）、亟待整改处理的有17条线路，占比12%。如表3.2和图3.5所示。

表3.2　铁塔塔脚的外观情况

底座	数量	百分比
A	27	19%
B	66	46%
C	32	23%
D	17	12%

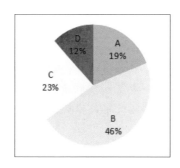

图3.5　塔脚的腐蚀情况

　　根据各条线路在浙江省的区域分布，绘制铁塔塔脚腐蚀区域图，如图3.6所示。其中，腐蚀评级如下：良好为A级，以绿色标识；轻度腐蚀为B级，以蓝色标识；明显腐蚀为C级，以黄色标识；严重腐蚀为D级，以红色标识。

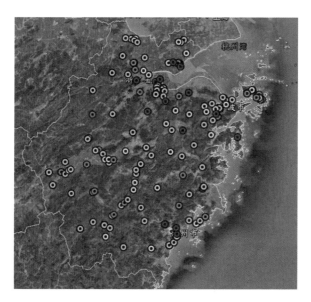

图3.6　塔脚腐蚀区域图

2. 分析讨论

　　在本次普查中发现，多数输变电铁塔未经沥青或刷漆保护，塔脚存在不同程度的腐蚀，部分输变电铁塔塔脚存在严重腐蚀，甚至腐蚀穿孔，腐蚀主要发生在混凝土与空气交界面，如图3.7所示。海盐35 kV××线42号输变电铁塔，一只塔脚除锈后塔脚厚度3.8 mm，塔脚原厚5.7 mm，塔脚减薄1.9 mm；另外三只塔脚的斜材部分边缘已完全腐蚀。嘉兴双立××××线32号铁塔除锈后塔脚主材厚度6.56 mm，塔脚原厚9.36 mm，塔脚减薄2.80 mm；35号铁塔的塔脚一根斜材原厚4.30 mm，除锈后发现已经腐蚀穿孔。宁波蔡山×××线24号铁塔塔脚一根斜材原厚5.5 mm，最薄处4.7 mm，塔脚减薄0.8 mm；29号铁塔塔脚一根主材严重腐蚀，一边已经腐蚀穿孔，烂穿一半。这些塔脚腐蚀特别严重的，多位于杭州、宁波、嘉兴的水田菜地，这是由于这些地区塔脚容易受潮，或是淤泥堆积，受环境影响较大，需要重点保护。

海盐35 kV×××线

嘉兴双立××××线

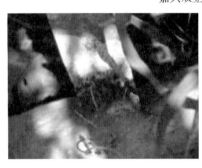 

宁波蔡山××××线

图3.7 塔脚严重腐蚀情况

在这些塔脚腐蚀程度为C级、D级的输变电线路中，大部分塔脚保护帽存在风化或破损现象。在初期，塔脚腐蚀主要发生在混凝土/空气界面，塔脚腐蚀程度为B级的，基本都在该处发生一定的腐蚀。随着保护帽的风化破坏，一方面，在保护帽表面形成坑，雨水不能及时排走，加剧了界面处角钢的腐蚀；另一方面，雨水渗入保护帽内部的概率增加，从而导致保护帽内的钢构件腐蚀。在本次调查中，这种隐蔽性腐蚀在风化严重或开裂的保护帽中普遍存在，需要引起重点关注。如图3.8所示，宁波屯上××××线部分铁塔塔脚保护帽开裂，开帽检查发现塔脚腐蚀严重，斜材有腐蚀缺口；衢城××××线14号塔的塔脚外观表现为轻度腐蚀，但敲开保护帽之后发现其内部大面积明显腐蚀，且帽内存在积水；宁波北石××××线24号铁塔保护帽严重风化，对其开帽检查后发现，帽内支架、角钢、地脚螺栓均严重腐蚀，帽内角钢腐蚀程度要比保护帽外角钢更为剧烈，除锈后塔脚斜材有明显腐蚀缺口，影响承重，存在较大安全隐患。

（a）保护帽破裂　　　　　　（b）去除保护帽后可见塔脚腐蚀

宁波屯上××××线

（a）开帽前

图3.8　典型铁塔保护帽内塔脚腐蚀情况

（b）开帽后

衢城××××线14

（a）开帽前　　　　　　　　　　　（b）开帽后

宁波北石××××线

图3.8　典型铁塔保护帽内塔脚锈蚀情况（续）

　　保护帽质量不好容易造成保护帽内塔脚钢材腐蚀，且腐蚀程度比保护帽外的角钢更为剧烈。这是因为保护帽出现裂纹后，雨水等介质进入保护帽内，使塔脚金属处于腐蚀介质中，进而发生腐蚀；同时，由于保护帽裂纹内溶液不易干燥，使得塔脚腐蚀时间相对于保护帽之外的角钢长得多，因而腐蚀情况更为严重。

　　此外，在本次普查中发现一处保护帽本身存在一定的质量问题，如图3.9所示上宁××××线64号，保护帽开裂严重，局部脱落，对保护帽开裂脱落处检查后发现，其内部塔脚钢构件腐蚀明显，可见红锈，保护帽内部主要成分为砂土，非混凝土，是人为施工质量问题。

图3.9　丽水上宁××××线64号铁塔塔脚

3. 后续防腐建议

对已出现腐蚀断口的铁塔塔脚应及时进行更换，对明显腐蚀的塔脚，建议采取涂刷沥青漆等防腐保护措施。对于保护帽风化严重或开裂的铁塔，建议对保护帽重新施工浇筑，并确保施工质量。此外，对于混凝土/空气交界处的塔脚角钢，可以刷涂沥青漆进行防腐。如图3.10所示，保护帽外形做成上部凸起导流型，与保护帽相连的角钢处已刷涂沥青漆进行防腐，防护效果较好。

图3.10　鹿峦××××线29号铁塔塔脚照片

3.4.2 角钢腐蚀情况

1. 塔身角钢腐蚀调查结果

本次排查的162条输变电铁塔线路中，铁塔塔身角钢存在明显腐蚀（C级）的有40条线路，占比25%；存在严重腐蚀（D级）、亟待整改处理的有18条线路，占比11%。详见表3.3、图3.11。

表3.3　输变电铁塔角钢腐蚀情况

角钢腐蚀等级	数量	百分比
A	31	19%
B	73	45%
C	40	25%
D	18	11%

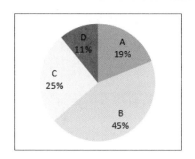

图3.11　输变电铁塔角钢腐蚀情况

　　根据各条线路在浙江省的区域分布，绘制铁塔塔身角钢腐蚀区域图，如图3.12所示。其中，腐蚀评级如下：良好为A级，以绿色标识；轻度腐蚀为B级，以蓝色标识；明显腐蚀为C级，以黄色标识；严重腐蚀为D级，以红色标识。

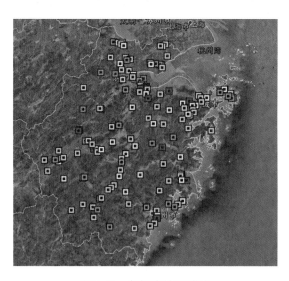

图3.12　角钢腐蚀区域图

2. 分析讨论

角钢腐蚀比较严重的一般为服役年限较长的线路，部分线路位于山区或工业区，工业区个别铁塔也存在塔身角钢明显腐蚀甚至严重腐蚀的情况，如图3.13所示。温州永扶苏田×××线33号铁塔位于山区，角钢边缘出现大量点蚀，腐蚀严重；嘉兴云澜×××线服役29年，塔身角钢腐蚀严重，24号铁塔角钢剩余锌层厚度为70~120 μm，明显薄于其他铁塔角钢锌层厚度；嘉兴晋亿×××线2号、3号铁塔位于工业区，比起该线路其他铁塔角钢，其腐蚀较严重，已经刷漆保护。

另外，一些线路铁塔塔身角钢虽经刷涂防腐漆保护，但存在漆膜破损失效的情况。绍兴柯独×××线1号塔的角钢有涂层，但是严重失效，全塔塔身腐蚀严重，角钢上有大量蚀坑；衢州衢城×××线14号铁塔塔身有涂层，但是部分已经因严重开裂剥落而失效，涂层破损处出现锈点，呈轻度腐蚀；丽水丽石×××线82号铁塔塔身经涂漆处理，角钢基本完好，但涂层失效明显，多处漆膜开裂剥落。

还有个别线路铁塔存在角钢开裂情况，如宁波梁桥×××线41号铁塔一条角钢腐蚀严重，甚至大面积开裂；42号铁塔塔身中下部有涂层，但是涂层明显失效，塔身锈点锈痕明显。

宁波梁桥××××线铁塔

温州永扶苏田××××线33号铁塔

图3.13　典型角钢腐蚀案例

嘉兴云澜 ×××线铁塔

嘉兴晋亿 ××××线2号、3号铁塔

柯独 ××××线1号铁塔

衢城 ××××线14号铁塔

图3.13　典型角钢腐蚀案例（续）

丽石××××线82号铁塔

宁波梁桥 ××××线铁塔

图3.13 典型角钢腐蚀案例（续）

输变电铁塔的角钢腐蚀主要是大气污染造成的，腐蚀比较严重的铁塔一般都处于城市大气、工业污染大气及海洋大气环境中，且一般服役年限较长。角钢的腐蚀中又多见边缘腐蚀严重现象，有涂层的角钢也多见边缘处涂层脱落消失，这与雨水冲刷、积留以及干湿交替有很大关系。此外，人为破坏、鸟类活动等因素也会对角钢的腐蚀造成一定影响。

3. 后续防腐建议

对于角钢腐蚀等级为C、D的铁塔，建议及时进行涂漆防腐保护。腐蚀严重、已经影响使用的铁塔，做好退役规划。图3.14为铁塔（北隘××××线03号/北邬××××线03号）涂漆防腐后的现场照片。

（a）未处理前   （b）防腐涂装后

图3.14　北隘××××线03号/北邬××××线03号铁塔涂漆防腐前后照片

3.4.3 螺栓腐蚀情况

1. 螺栓腐蚀调查结果

本次排查的162条输变电铁塔线路中，防盗螺栓存在明显腐蚀（C级）的有43条线路，占比27%；存在严重腐蚀（D级）、亟待整改处理的有63条线路，占比39%。详见表3.4、图3.15。

表3.4　输变电铁塔螺栓腐蚀情况

螺栓腐蚀等级	数量	百分比
A	18	11%
B	38	23%
C	43	27%
D	63	39%

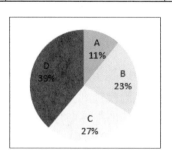

图3.15　输变电铁塔螺栓腐蚀情况

　　根据各条线路在浙江省的区域分布情况，绘制铁塔防盗螺栓腐蚀区域图，如3.16所示。其中，腐蚀评级如下：良好为A级，以绿色标识；轻度腐蚀为B级，以蓝色标识；明显腐蚀为C级，以黄色标识；严重腐蚀为D级，以红色标识。

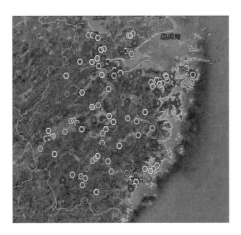

图3.16　螺栓腐蚀区域图

2. 分析讨论

　　本次调查发现，各地的螺栓腐蚀较为普遍，存在大量螺栓腐蚀严重的案例，如图3.17所示。温州永龙××××线、宁波北石××××线、杭州齐甘××××线和齐露××××线等整体或部分螺栓腐蚀严重，螺栓表面被锈层完全覆盖，并且在角钢上可观察到螺栓锈蚀产生的锈痕。萧山永丰××××（靖红××××）线11号、42号铁塔的塔脚部位螺栓整体腐蚀严重，大部分螺栓表面被锈层覆盖，而塔身螺栓未见明显锈蚀，42号塔有螺栓缺失现象。

温州永龙××××线铁塔　　　　　　　宁波北石××××线铁塔

图3.17　典型的螺栓腐蚀案例

73

齐甘××××线15号铁塔

齐露××××线25号铁塔

萧山永丰××××（靖红××××）线铁塔

图3.17　典型的螺栓腐蚀案例（续）

输变电铁塔中螺栓比其他部位更容易发生腐蚀，主要原因为螺栓在进行热浸镀锌加工时，为保证螺纹整洁，一般会进行离心处理，且因构件较小，六角面较为光滑，导致其热镀锌层厚度与其他构件相比要小一些。在进行涂漆防护时，由于形状复杂，螺栓更容易发生漏涂。因此，螺栓件往往比其他构件更容易发生腐蚀。

在对铁塔进行检修时，对于螺栓一般只检查其是否有松动，只要不影响其承重和紧固功能，便继续使用，因此对其腐蚀情况一般并不关注。

3. 后续防腐建议

对于螺栓腐蚀等级为C、D的铁塔，建议进行涂漆防腐保护。腐蚀严重或有缺失损坏的，建议更换螺栓。另外，丽水、衢州部分线路铁塔仅对螺栓的螺纹部分进行了防腐处理，如航杜××××线34号铁塔的螺栓螺纹部分进行了涂漆处理，该处未发生明显腐蚀，而六角头处未涂漆，腐蚀已十分严重，如图3.18所示。

涂漆面　　　　　　　　　　　　未涂漆面

图3.18　航杜××××线34号铁塔螺栓

3.4.4 引下线腐蚀情况

1. 引下线腐蚀调查结果

本次排查的162条输变电铁塔线路中，引下线存在明显腐蚀（C级）的有62条线路，占比38%；存在严重腐蚀（D级）、亟待整改处理的有30条线路，占比19%。详见表3.5、图3.19。

表3.5　输变电铁塔引下线腐蚀情况

引下线腐蚀等级	数量	百分比
A	34	21%
B	36	22%
C	62	38%
D	30	19%

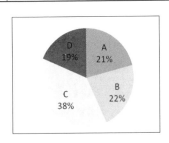

图3.19　输变电铁塔引下线腐蚀情况

根据各条线路在浙江省的区域分布情况，绘制铁塔引下线腐蚀区域图，如图3.20所示。其中，腐蚀评级如下：良好为A级，以绿色标识；轻度腐蚀为B级，以蓝色标识；明显腐蚀为C级，以黄色标识；严重腐蚀为D级，以红色标识。

图3.20　引下线腐蚀区域图

2. 分析讨论

　　本次排查发现，各地、各环境下均存在引下线腐蚀明显或严重的情况，腐蚀绝大多数发生在土壤和空气交界面，不少线路铁塔的引下线因腐蚀断裂或即将腐蚀断裂而重新改造过。如图3.21所示，丽水石云×××线1号铁塔1根引下线经过改造压接处理，目前外观良好；另一根引下线严重腐蚀附着有大量铁锈，并明显腐蚀减薄，铁塔引下线原直径10.52 mm，现最细处5.20 mm，减薄5.32 mm。宁波梁桥×××线41号铁塔引下线严重腐蚀，附着有大量铁锈，并明显腐蚀减薄，几乎腐蚀断裂，引下线原直径10.22 mm，现最细处2.55 mm，减薄7.67 mm。温州永扶苏田×××线33号铁塔引下线严重腐蚀，引下线原直径12 mm，其中一根引下线现最细处5 mm，减薄7 mm；另一根引下线现最细处8.96 mm，减薄3.04 mm。杭州文三×××线2号铁塔两处引下线一处已经断裂。杭州云瓶×××线（窑铁×××线）11号铁塔引下线原直径11.5 mm，现最细处6.08 mm，腐蚀减薄近半。40号铁塔所处位置为竹林中，铁塔4根引下线2根已经更换，状态良好；一处腐蚀减薄，引下线原直径10.5 mm，现最细处4.6 mm，腐蚀减薄过半。衢州航杜×××线铁塔引下线原直径12 mm，现最细处直径3.80 mm，几乎腐蚀断裂。

丽水石云××××线铁塔　　　　　　宁波梁桥××××线铁塔

温州永扶苏田××××线铁塔　　　　杭州文三××××线铁塔

杭州云瓶××××线（窑铁××××线）铁塔

图3.21　典型的引下线腐蚀案例

衢州航杜××××线铁塔

图3.21 典型的引下线腐蚀案例（续）

3．后续防腐建议

引下线腐蚀减薄部位，基本处于土壤和空气交界面处，在该界面，土壤上层处于富氧环境，土壤下层处于缺氧但含水、含电解质的环境，形成氧浓差腐蚀，从而加速了界面处的角钢减薄。

建议加强日常巡视，当发现引下线腐蚀严重时应及时更换，对于其他引下线可采取涂漆、套管等保护措施。

3.4.5 金具腐蚀情况

1．金具腐蚀调查结果

本次排查的162条输变电铁塔线路中，金具存在明显腐蚀（C级）的有12条线路，占比21%；存在严重腐蚀（D级）、亟待整改处理的有1条线路，占比2%。详见表3.6、图3.22。

表3.6 输变电铁塔金具腐蚀情况

金具腐蚀等级	数量	百分比
A	18	31%
B	26	46%
C	12	21%
D	1	2%

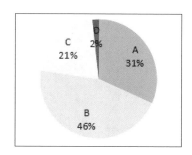

图3.22　输变电铁塔金具腐蚀情况

根据各条线路在浙江省的区域分布情况，绘制铁塔金具腐蚀区域图，如图3.23所示。其中，腐蚀评级如下：良好为A级，以绿色标识；轻度腐蚀为B级，以蓝色标识；明显腐蚀为C级，以黄色标识；严重腐蚀为D级，以红色标识。

图3.23　金具腐蚀区域分布图

2. 分析讨论

图3.24罗列了部分金具C级腐蚀铁塔。金具位于输变电铁塔的上部，主要受到大气腐蚀影响，一般与铁塔塔身角钢腐蚀情况相似，但由于拍照条件限制，未发现大量点蚀的金具。在调查中发现齐兴×××线50号铁塔架空地线断1根，为唯一一处D级腐蚀。

金华方山××××线铁塔

衢州杜航××××线铁塔

嘉兴海盐×××线铁塔

图3.24 典型的金具腐蚀案例

3. 后续防腐建议

线路金具位于铁塔高处，且通常位于带电部位，因而在后期防腐维护上困难很大，仅可能在停电检修阶段对腐蚀的金具适当地加以涂刷防腐漆保护。鉴于防腐维护的难度很大，建议将防腐关口前移，加强金具入场前的防腐控制。例如，在工业污染严重的区域，应增加金具表面镀锌层厚度。

3.5 浙江宁波220 kV屯上××××线铁塔腐蚀状态评估

宁波220 kV屯上××××线铁塔建于1996年，多数未曾采取涂漆等外加防腐处理。排查发现，屯上××××线铁塔角钢初始镀锌层已消耗殆尽，覆盖大面积红锈并伴有明显蚀点；旧引下线已锈断，现焊接上新引下线，但土壤界面处仍有明显腐蚀；多基塔脚保护帽有细小裂纹，敲开保护帽后发现内部塔脚腐蚀严重，局部明显破损减薄；螺栓严重腐蚀，并有锈痕。综合评估，该条线路铁塔整体腐蚀程度为"严重"等级，存在安全隐患，亟待防腐处理。建议对该条线路进行整体刷漆保护；对接地引下线加强巡查，发现其明显减薄的应及时更换并辅以防腐漆、套管等保护处理；重新更换保护帽锥形部分，并对塔脚进行刷涂沥青漆防腐处理，对重点塔脚建议采用包覆保护。

3.5.1 线路概况

宁波屯上××××线为220 kV等级线路，位于余姚市马渚镇附近。多数铁塔位于农田、公路区域。典型铁塔外观如图3.25所示。除高速公路边的个别铁塔外，多数铁塔均未经涂漆保护。

 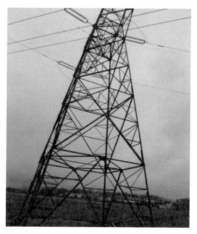

（a）33号　　　　　　　　　　（b）44号

图3.25　宁波屯上××××线典型铁塔外观

3.5.2 依据标准及评价内容

1. 检测装置

本项测试采用的主要仪器包括：①ECM-2100腐蚀检测仪，用于现场大气及土壤环境腐蚀性检测分级；②Fluke接地电阻测试仪，用于铁塔接地电阻及土壤电阻率测试；③Elcometer 456涂层测厚仪，用于铁塔表面镀锌层/涂层厚度测量；④Model 26MG超声波测厚仪，用于塔脚金属测厚。如图3.26所示。

（a）ECM-2100腐蚀监测仪　　　　　　　（b）Fluke接地电阻测试仪

（c）Elcometer 456涂层测厚仪　　　（d）Model 26MG超声波测厚仪

图3.26　本次检测所采用的仪器

2. 依据及标准

《金属和合金的腐蚀　大气腐蚀性分类》（GB/T 19292.1—2003）。

《金属和合金的腐蚀　大气腐蚀性 腐蚀等级的指导值》（GB/T 19292.2—2003）。

《金属和合金的腐蚀　大气腐蚀防护方法的选择导则》（GB/T 20852—2007）。

《磁性基体上非磁性覆盖层　覆盖层厚度检测 磁性方法》（GB/T 4956—

2003）。

　　《输电线路铁塔制造技术条件》（GB/T 2694—2010）。

　　《电力金具制造质量 钢铁件热镀锌层》（DL/T 768.7—2002）。

　　《接地装置特性参数测量导则》（DL/T 475—2006）。

　　《接地系统的土壤电阻率、接地阻抗和地面电位测量导则》（GB/T 17949.1—2000）。

　　《接触式超声波脉冲回波法测厚》（GB/T 11344—1989）。

　　3. 铁塔腐蚀状态检测与评估内容

　　利用ECM–2100腐蚀检测仪对铁塔所处大气及土壤腐蚀环境进行分级评估，利用Elcometer 456涂层测厚仪检测铁塔角钢表面镀锌层厚度、锈层厚度，利用Fluke接地电阻测试仪检测铁塔接地电阻值，利用Model 26MG超声波测厚仪检测除锈后的塔脚厚度，对典型铁塔保护帽进行开帽检查等一系列研究，对输电铁塔金属构件腐蚀状态进行全面检测及评估，并提出优化建议。

3.5.3 塔身角钢状态评估

　　该线路大部分铁塔采用镀锌层保护，未使用防腐涂料。现场观察发现，塔身角钢呈现严重腐蚀，镀锌层几乎消耗殆尽，角钢表面覆盖明显棕红色锈层并伴有蚀点，如图3.27所示。经检测，锈层厚度为60～100μm，仅在局部有少量残余镀锌层。这说明此时镀锌角钢处于"腐蚀中后期"，即角钢表面同时存在Zn腐蚀、Zn–Fe原电池腐蚀、Fe腐蚀；由于Zn–Fe原电池的形成，促使锌层很快消耗而进入Fe基体腐蚀。在无镀锌层保护时，Fe的腐蚀速率将大大加快。应提前干预，建议辅以涂料防腐来减缓塔身角钢腐蚀进程。

　　　　（a）33号铁塔　　　　　　　　　　　（b）44号铁塔

图3.27　典型铁塔塔身角钢腐蚀情况

3.5.4 接地装置状态评估

该线路铁塔均装配有4根引下线，检查发现铁塔旧引下线已腐蚀断裂，现已焊接上新的引下线。部分铁塔的引下线地表位置仍有明显腐蚀，附着有大量铁锈。如图3.28所示为33号铁塔引下线，其所处土壤为农田黏土，pH为5.72，ORP为263 mV，电阻率为12.6 Ω·m，土壤腐蚀性为中等；地网自腐蚀电位为−693 mV，处于自然腐蚀状态。经测量其接地电阻值为23.2 Ω，目前仍符合国标要求。建议加强日常巡视，当发现引下线明显减薄时应及时更换，另可对引下线采取涂漆、套管等保护措施。

图3.28　典型铁塔引下线腐蚀情况

3.5.5 塔脚状态评估

检查发现，该线路保护帽上部锥形部分为后期增加，与下部保护帽连接性能不足，未成一体。多基铁塔保护帽表面有细小裂纹，裂纹延伸至塔脚角钢位置，如图3.29（a）所示。去除保护帽后，可见内部塔脚已严重腐蚀，部分支架已出现腐蚀缺口，如图3.29（b）所示，可见保护帽内角钢的腐蚀程度要比保护帽外角钢更为剧烈。这是因为保护帽出现裂纹后，雨水等介质进入保护帽内，使塔脚金属处于腐蚀介质中，进而发生腐蚀；同时，由于保护帽裂纹内溶液不易干燥，使得塔脚腐蚀时间相对于保护帽之外角钢长得多，因而腐蚀情况更为严重。由于保护帽内塔脚腐蚀具有隐蔽性，因而该类安全隐患突出。建议对该条线路保护帽锥形部分进行改造，重新以严格工艺浇筑保护帽；同时，对塔脚辅以涂沥青漆防腐。

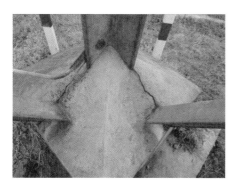

（a）保护帽破裂　　　　　　　　（b）去除保护帽后可见塔脚腐蚀

图3.29　典型铁塔保护帽内塔脚腐蚀情况

3.5.6 防盗螺栓状态评估

检查发现，该条线路铁塔的防盗螺栓整体腐蚀较严重，大部分螺栓表面被锈层覆盖，如图3.30所示，经测量锈层厚度在$60 \sim 90 \mu m$，并且在角钢上可观察到螺栓腐蚀产生的锈痕。为延长螺栓使用寿命，建议对其用防腐漆保护。另经全面检查，未见有螺栓缺失现象。

图3.30　典型铁塔螺栓腐蚀状态

3.5.7 结论与建议

宁波屯上××××线铁塔已服役20年，整体腐蚀情况较严重。铁塔角钢初始镀锌层已消耗殆尽，其上覆盖大面积红锈并伴有明显蚀点；旧引下线已锈断，现已焊接上新引下线，但土壤界面处仍腐蚀明显；多基塔脚保护帽有细小裂纹，敲开保护帽后发现内部塔脚腐蚀严重，甚至出现局部明显破损减薄现象；螺栓严重腐蚀，并有锈痕。综合评估，该条线路铁塔整体腐蚀程度为"严重"等级，存在安全隐患，亟待防腐处理。

建议对该条线路进行整体刷漆保护；对接地引下线加强巡查，发现其明显减薄应及时更换并辅以防锈漆、套管保护；重新更换保护帽锥形部分，并对塔脚刷涂沥青漆防腐，对重点塔脚建议采取包覆保护。

3.6 结论

（1）本次调查发现部分输变电铁塔的塔脚腐蚀情况比较严峻，一些保护帽风化严重，帽内塔脚存在隐蔽性腐蚀，甚至已出现锈蚀断口，影响到其安全性能，存在较大的故障风险。外观评级为C、D级的铁塔，建议及时评估并采取相应防腐和加固措施，或做好更换或退役规划；在浇筑混凝土底座时注意混凝土浇筑质量，建议在塔脚角钢处做成凸起，略呈圆锥状，可以防止雨水积聚；另外，可以对保护帽处的角钢涂沥青漆进行防腐。

（2）角钢的腐蚀主要是由大气腐蚀引起的，浙江省各个市均存在不同程度的输变电铁塔角钢腐蚀情况。角钢腐蚀比较严重的一般为服役年限较长的线路，部分位于山区或工业区的铁塔也存在塔身角钢明显腐蚀甚至严重腐蚀的情况。一些线路铁塔塔身角钢虽经刷涂防腐漆保护，但存在漆膜破损失效的情况。建议对出现明显腐蚀情况的输变电铁塔进行整体涂刷防腐漆保护。

（3）输变电铁塔上的螺栓腐蚀比较普遍，但一般不影响正常使用。建议对螺栓进行刷防腐漆保护；对腐蚀严重的螺栓进行更换，对于缺失螺栓的铁塔应及时补上螺栓。

（4）输变电铁塔引下线腐蚀较为严重，也比较普遍。腐蚀严重的引下线存在明显腐蚀减薄现象，部分已发生断裂，失去了导流雷电电流及故障电流的能力，导致严峻的安全隐患。对于出现明显腐蚀或严重腐蚀的引下线，建议及时进行更换，并对引下线采用涂漆、套管等方式开展保护。

（5）输变电铁塔金具一般与铁塔塔身角钢腐蚀情况相似，由于拍照条件限制，未发现大量点蚀的金具。鉴于金具的防腐维护难度很大，建议将防腐关口前移，加强金具入场前的防腐控制，如在工业污染严重的区域，应增加金具表面镀锌层厚度；同时，也应积极研发具有更强防腐效果的涂镀层技术，从根本上提高金具的使用寿命。

第四章 塔脚腐蚀无损检测及防护技术

输电铁塔作为高压输电线路的承重构筑物，是输电线路重要的基础设施之一，其可靠运行对电力系统安全至关重要。工程实践中发现，许多铁塔在投入使用后，都较早地出现了耐久性不足的问题，特别是环境侵蚀作用较严重地区的铁塔塔脚，其耐久性失效问题更为突出。而塔脚过早地出现耐久性劣化，使其在使用过程中需要投入大量的人力、物力和财力进行检测、评估和维修加固等，不仅造成了经济损失和资源浪费，亦有可能引起铁塔乃至线路的适用性和安全性上的缺陷。近年来，混凝土保护帽内钢材腐蚀问题成为输电铁塔腐蚀防治的重点与难点。

4.1 背景

塔脚防腐蚀是输电铁塔所有防腐蚀问题中的重点和难点，其腐蚀有如下特殊性：①腐蚀环境复杂恶劣。塔脚部位易发生氧浓差腐蚀、缝隙腐蚀，并且如若保护帽品质不良，还会因保护帽透水或表面积水而加剧腐蚀。②腐蚀具有隐蔽性。塔脚包裹于保护帽中，其内部腐蚀形态及腐蚀程度无法直接观察，易被忽略而导致腐蚀隐蔽发展恶化；而目前若要检查保护帽内塔脚状态，必须凿开保护帽，费时费力，人力物力成本较高。③防腐工作难度较大。与铁塔其他部位防腐不同，关于保护帽内塔脚防腐，目前未有系统性成熟方案，常采用的方式也仅仅是发现塔脚严重腐蚀时进行被动性更换，缺乏提前预防处理方案。④腐蚀危害性巨大。塔脚作为铁塔重要承力部件，一旦发生严重腐蚀减薄，将引起铁塔承力不足或受力不均，在强风、覆冰等外力下极易发生倒塌事故，造成输电线路全线故障。

不同地区的气候、地理等环境条件以及侵蚀介质的不同，导致塔脚保护帽耐久性劣化程度存在地区差异；环境温度、湿度及侵蚀介质浓度等对保护帽耐久性劣化有直接影响，若仅以定性描述，相应的耐久性设计很可能无法满足设计寿命要求。鉴于铁塔的塔脚腐蚀受环境、塔脚防腐设计、保护帽品质等多因素影响，有必要增加对所处环境等级分级、混凝土保护帽风化腐蚀等问题的关注及定量描述。同时，塔脚腐蚀干预又往往因缺乏对保护帽内塔脚腐蚀的快速检测技术和后续腐蚀干预方案而受到制约。为系统性完善塔脚的腐蚀防护，须建立形成关于塔脚及保护帽防腐设计、保护帽品质检查及缺陷处理、保护帽内塔脚无损检测、塔脚腐蚀分级及防腐处理等一整套技术方案，而目前国内缺乏相关方面的研究及工程应用成果。国网公司虽对输电铁塔防腐工作十分重视，但也主要关注塔身防腐，而对塔脚防腐设计、保护帽设计、保护帽品质检查、塔脚腐蚀评估等方面未形成专门的控制规范，特别是对保护帽内塔脚的无损检测技术，国内外更是未见有相关研究成果。

因此，我们有必要关注环境因素对保护帽耐久性的作用效应和保护帽对环境作用的抵抗能力之间的相互关系，寻求能体现浙江省地理分布特征的铁塔保护帽耐久性环境作用效应区划的量化方法，考虑环境的水平区域分布差异，按照不同地区环境对保护帽耐久性的作用程度对浙江省版图实际环境进行区域等级的划分。基于环境作用，建立塔脚及保护帽防腐设计技术方案，规范保护帽设计、用料、施工及验收原则，在源头上降低因保护帽品质劣化而引起塔脚腐蚀的可能性；建立保护帽品质检测及缺陷处理方案，可实现对保护帽劣化程度的及时掌握及保护帽劣化的提前干预；立足于开发保护帽内塔脚腐蚀无损检测技术，实现在无须破坏保护帽的前提下，完成对保护帽内塔脚腐蚀的有效评估；规范塔脚腐蚀分级及防腐处理措施，有利于延长塔脚使用寿命、降低维修费用。图4.1所示为浙江省不同地区输电铁塔塔脚腐蚀实例。

蔡山×××线塔脚腐蚀缺口　　温清×××线塔脚腐蚀缺口　　飞新×××线塔脚腐蚀

图4.1　输电铁塔塔脚腐蚀实例

综上所述，无论是从目前的实际工程问题出发，还是今后的技术发展方向需要，都非常有必要分析研究保护帽内塔脚腐蚀无损检测及配套防腐技术，提出一种便捷有效的塔脚腐蚀无损检测方法，并规范保护帽防腐要求，最终实现工程化解决塔脚严重腐蚀的实际问题。这些措施将使国网公司对输电铁塔塔脚的腐蚀防护管理更科学、更先进、更规范、更有成效。

4.2 混凝土保护帽塔脚钢材腐蚀无损检测技术

4.2.1 半电池电位法

半电池电位法是钢筋腐蚀无损检测中的一种电化学方法。该方法通过测量钢筋的自然腐蚀电位来判断钢筋的腐蚀程度，如图4.2所示。腐蚀电位是钢筋上某区域的混合电位，反映了金属的抗腐蚀能力。混凝土中的钢筋的活化区（阳极区）和钝化区（阴极区）显示出不同的腐蚀电位，钢筋在钝化时，腐蚀电位升高，电位偏正；由钝态转入活化态（腐蚀）时，腐蚀电位降低，电位偏负。检测过程中使用"铜+硫酸铜饱和溶液"半电池，与"钢筋+混凝土"半电池构成一个全电池系统。在全电位系统中，由于"铜+硫酸铜饱和溶液"的电位值相对恒定，而混凝土中的钢筋因锈蚀产生的电化学反应会引起全电池电位的变化，然后根据混凝土中钢筋表面各点的电位评定钢筋的锈蚀状态。

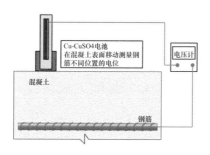

图4.2 半电位法

由于保护帽的特殊结构使得当保护帽内钢材的腐蚀程度与一般钢筋混凝土结构中钢筋的腐蚀程度相同，但测得的腐蚀电位不同，而且保护帽内的钢材是镀锌角钢，不同于普通钢筋，因此本实验需要重新标定适合于保护帽内钢材的腐蚀程度与腐蚀电位之间的关系，得到与一般钢筋混凝土结构的钢筋腐蚀电位的转化系数并且细化标定的结果，如表4.1所示。

表4.1 腐蚀电位与腐蚀状态的对应关系

腐蚀风险	腐蚀电位		腐蚀的可能性
	mV vs. SCE	mV vs. CSE	
严重	<−426	<−500	—

腐蚀风险	腐蚀电位		腐蚀的可能性
	mV vs. SCE	mV vs. CSE	
较高	<−276	<−350	90
中级	−126 ~ −275	−350 ~ −200	50
低	>−125	>−200	10

4.2.2 线性极化法

如图4.3所示，基于线性极化法的基本原理，改进传统的混凝土内部钢筋腐蚀速率检测方法，设计一套全新的适用于混凝土保护帽–镀锌钢界面腐蚀速率的检测方法。

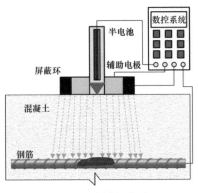

图4.3 线性极化法

线性极化法是根据腐蚀电化学理论，在腐蚀电位E_{corr}附近（一般过电位$\eta < 10\,\text{mV}$），测得的电流电位的对数关系曲线具有近似于线性关系，再根据Stern–Geary方程推导出检测腐蚀速率的电化学方法。

其理论分析得到腐蚀电流密度的过程如下：

（1）根据测得的极化曲线得到相应的电化学参数：腐蚀电位E_{corr}，Tafel系数β_a，β_c。

（2）由Stern–Geary方程知：

$$I_{corr} = \frac{B}{R_p};\ i_{corr} = \frac{I_{corr}}{A} \tag{4-1}$$

其中：I_{corr}为腐蚀电流，R_p为极化电阻，i_{corr}为腐蚀电流密度，A为电力线影响的阳极面积，B为一个常数（计算方法见下一页）。

$$B = \frac{\beta_a \beta_c}{2.3 \times (\beta_a + \beta_c)}; \quad R_p = \frac{RT}{i^o zF} \quad\quad （4-2）$$

其中：β_a，β_c为Tafel系数，i^o为交换电流（自腐蚀电流）。

$$\beta_a = \frac{2.303RT}{\beta zF}; \quad \beta_c = \frac{2.303RT}{\alpha zF} \quad\quad （4-3）$$

其中：α，β为传递系数且$\alpha+\beta=1$（一般取$\alpha=\beta=0.5$，也可由实验确定）；

R为摩尔气体常数8.314 J/(mol·K)；

T为热力学温度；

z为电极反应转移的电子数；

F为法拉第常数，取96485 C/mol。

以腐蚀电流为评价指标，可参考表4.2对输电铁塔混凝土保护帽内部钢材的腐蚀状态进行评估。

表4.2　腐蚀状态评估表

钢材腐蚀状态	腐蚀电流密度 / i_{corr} ($\mu A/cm^2$)
未腐蚀	<0.1
腐蚀程度低	0.1 ~ 0.5
腐蚀程度中等	0.5 ~ 1.0
腐蚀程度较高	>1.0

4.2.3 CT 扫描技术

CT扫描技术是一项尖端的成像技术，其基本思想是：被测物体放置在放射源与探测器之间，放射源所发出的射线穿透被测物体后必然引起射线的强度、速度、频率等物理量数值上的变化，这些数据的变化将会被探测器检测到。在每一个方向上都会有一组射线穿透被测物体，被测物体包含在这几组射线所组成的几何区域中，所测的数据集就是此方向上的CT投影，通过转动或平动改变射线源（或探测器）的位置，得到不同方向上的CT投影，则可重构CT图像。并且，此技术在土木工程领域应用较广。通过CT扫描技术对混凝土内部腐蚀角钢的形态进行重构，测量其截面损失率，是评估混凝土保护帽内钢筋腐蚀的一种无损检测方法。如图4.4所示为实验室CT扫描仪，图4.5所示为CT扫描实验。

图4.4　实验室CT扫描仪

图4.5　CT扫描实验

　　扫描结果显示：由于混凝土内部钢材的厚度为45 mm，实验室暂不能满足其所需的发射源的能量要求，扫描结果如图4.6所示。但可以预见，随着技术的发展，CT扫描将会成为混凝土内部钢材（钢筋）腐蚀状态定量评估的一种重要技术。

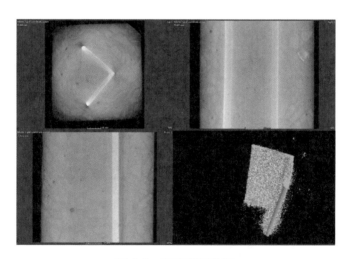

图4.6　CT扫描重构图

4.3 大气/混凝土界面腐蚀检测装置及方法

4.3.1 基于线性极化法测量混凝土结构钢筋腐蚀的三电极装置

　　目前，在工程实践中，对铁塔塔脚腐蚀检测评估的方法是凿开混凝土保护帽直接观察，这种方法费时费力，人力物力成本较高，且检测后不利于持续使用。另外，在对混凝土钢筋腐蚀检测的方法和装置中，应用最多的是一种基于线性极化法测量混凝土结构钢筋腐蚀的三电极装置。该装置是通过在混凝土外表面放置参比电极和辅助电极，与混凝土内部钢筋（工作电极）形成三电极装置，再通过屏蔽环将辅助电极正对的角钢面积确定为阳极面积，进而测得极化曲线，以定量分析钢筋的腐蚀速率，如图4.7所示。但该装置只适用于埋入混凝土中的钢筋，并不适用位于大气/混凝土界面的钢筋锈蚀，不能应用于实际工程来解决塔脚角钢的腐蚀检测问题。

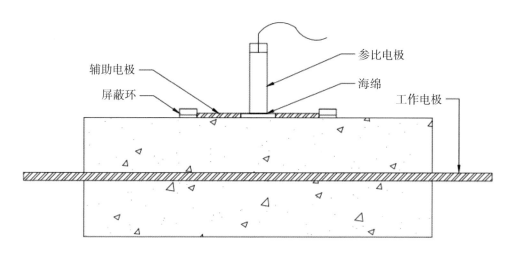

图4.7　装置示意图

4.3.2 用于大气/混凝土界面处角钢腐蚀检测的三电极装置

三电极装置的主体结构包括参比电极、辅助电极、工作电极以及海绵基座。参比电极采用铜–硫酸铜电极、银–氯化银电极或甘汞电极；辅助电极采用铂片、不锈钢、铜片或石墨等惰性电极；在角钢（工作电极）厚度面2 mm处放置参比电极，距离不宜过远以降低电位测量时的欧姆降IR；在距角钢正对面5 mm处两侧放置等宽度 l 的V型辅助电极（等宽是便于确定阳极面积）并在两侧辅助电极间用导线连接，在辅助电极下侧垫一含水5 mm的海绵，再根据三电极的大小和位置，制定海绵基座。

用于大气/混凝土界面处角钢腐蚀检测的三电极装置测量过程如下：

（1）装置安装。在混凝土测量表面用水润湿，根据待测角钢（工作电极）

的位置放置海绵基座，再在海绵基座预留位置处分别放置辅助电极和参比电极，从工作电极上引出导线，形成三电极装置。

（2）仪器连接。将三电极各导线接到相应极化曲线测量仪器的接口上，仪器通过USB接口与电脑相连。

（3）打开恒电位仪，输入参数，包括开始电位（V）、终端电位（V）（模式：参比电极电位为参考值、开路电位为参考值）、扫描频率（mV/s）、采样间隔（s）、灵敏度（A/V）为$1.0e^{-5}$（或者设置为自动精度，保证数据不溢出）等，开始进行电位扫描。

（4）先测量开路电位，待开路电位稳定后，记录开路电位值E_{oc}；再开始电位扫描，测量弱极化区的极化曲线。

（5）曲线分析。通过曲线分析软件（如origin）对测得的极化曲线进行Tafel拟合并得到Tafel系数β_a，β_c（$\beta_c < 0$），拟合曲线的交点横坐标即为腐蚀电流I_{corr}，如图4.8所示。

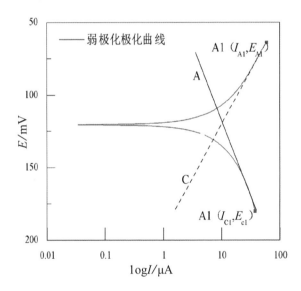

图 4.8　数据分析示意图

则：

$$\log I_{corr} = \frac{E_{C1} - E_{A1} + \beta_a \log I_{A1} - \beta_c \log I_{C1}}{\beta_a + \beta_c} \qquad (4\text{--}4)$$

（6）腐蚀电流密度i_{corr}的计算。

a）电力线影响的阳极面积A的确定。

利用有限元软件对不同辅助电极宽度和电力线在阳极区（工作电极）上的影响深度进行模拟。模拟结果显示：以取90%的电流所在的阳极区域作为确定阳极影响深度的依据，当取辅助电极宽度分别为20 mm、40 mm时，阳极上影响深度分别为60 mm和65 mm，且在该范围内影响深度随辅助电极的宽度增加而增大。所以采用插值法，根据辅助电极的宽度l来确定阳极影响深度d：

$$d = 60 + \frac{l-20}{20} \times (65-60) \qquad (4-5)$$

所以阳极面积可由下式确定：

$$A = Cd \qquad (4-6)$$

其中：C为角钢截面周长。

b）由腐蚀电流I_{corr}和阳极面积A可得腐蚀电流密度i_{corr}：

$$i_{corr} = \frac{I_{corr}}{A} \qquad (4-7)$$

4.3.3 计算实例

（1）装置安装。先在混凝土表面处用水润湿，根据待测钢筋（工作电极）的位置放置海绵基座，再在海绵基座预留位置处分别放置辅助电极和参比电极，从工作电极上引出导线，形成三电极装置。

（2）仪器连接。将三电极各导线接到相应极化曲线测量仪器的接口上，仪器通过USB接口与电脑相连。

（3）打开恒电位仪，输入参数，包括开始电位（V）-0.07、终端电位（V）0.07（模式选择：以开路电位为参考值）、扫描频率（mV/s）0.2、采样间隔（s）0.001、灵敏度（A/V）1.0e^{-5}（或者设置为自动精度，保证数据不溢出）等，开始进行电位扫描。

（4）先测量开路电位，待开路电位稳定后，记录开路电位值$E_{oc} = -120.0$ mV；再开始电位扫描，测量弱极化区的极化曲线。

（5）曲线分析。通过曲线分析软件（如origin）对测得的极化曲线进行Tafel拟合并得到Tafel系数$\beta_a = 219.3$ mV/decade，$\beta_c = -129.3$ mV/decade，拟合曲线的交点横坐标即为腐蚀电流I_{corr}，如图4.9所示。

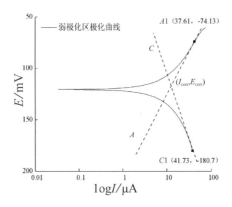

图4.9　腐蚀电流实测图

$$\log I_{corr} = \frac{E_{C1} - E_{A1} + \beta_a \log I_{A1} - \beta_c \log I_{C1}}{\beta_a + \beta_c}$$

所以：

$$= \frac{(-180.7 + 74.13) + 219.3 \times \log 37.61 + 129.3 \times \log 41.73}{219.3 + 129.3} = 1.28(\mu A)$$

$$I_{corr} = 10^{\wedge}(1.28) = 19.0(\mu A)$$

阳极面积A的确定：

$$d = 60 + \frac{l - 20}{20} \times (65 - 60) = 60 + \frac{30 - 20}{20} \times (65 - 60) = 62.5 \,(\text{mm})$$

$$A = Cd = 45 \times 4 \times 62.5 = 11250 (\text{mm}^2)$$

腐蚀电流密度i_{corr}：

$$i_{corr} = \frac{I_{corr}}{A} = \frac{19.0 \,\mu A}{11250 \,\text{mm}^2} = 0.1689 \,\mu A/\text{cm}^2$$

根据上述的评价标准，腐蚀电流为0.1689 μA/cm²，介于0.1～0.2，因此钢筋腐蚀程度较低。

4.4 输电线路铁塔混凝土保护帽现场检测技术的示范应用

4.4.1 杭州湖瓶 ×××× 线路现场检测应用

1. 输电线路概况

本次现场检测线路为湖瓶××××线路中的9BCA输电铁塔的一个塔脚，如

图4.10所示。

（a）输电线路　　　　　　　　　　　（b）待测输电铁塔

图4.10　现场检测输电线路及铁塔

待测塔脚混凝土保护帽为三棱柱形，其上表面三边长分别为1000 mm、1100 mm、1300 mm，高度为800 mm，分别埋入三根等边角钢，边长分别为140 mm、100 mm、100 mm，其示意图如图4.11所示。

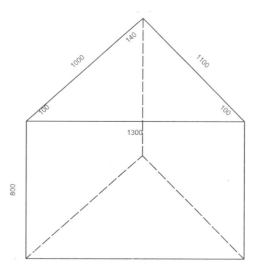

图4.11　铁塔保护帽示意图

2. 检测评估依据

《超声回弹综合法检测混凝土强度技术规程》（CECS 02：2005）；

《超声法检测混凝土缺陷技术规程》（CECS 21：2000）；

《混凝土强度检验评定标准》（GB/T 50107—2010）；

《混凝土中钢筋检测技术规程》（JGJ/T 152—2008）；

《回弹法检测混凝土抗压强度技术规程》（JGJ/T 23—2001）；

论文：STERN M., GEARY A.L. Electrochemical polarization .1. A theoretical analysis of the shape of polarization curves [J]. JOURNAL OF THE ELECTROCHEMICAL SOCIETY，2019，104（1）：56–56；

专利：《测试角钢在大气/混凝土界面腐蚀速率的装置及方法》CN108267491–A。

3. 检测评估内容及技术

（1）外观检查。

检查内容：主要包括保护帽的裂缝以及混凝土/大气界面处的外观两部分，主要采用肉眼观察，若出现裂缝，则须对保护帽的裂缝宽度进行测量，同时分析裂缝的成因。

测量仪器：裂缝测宽仪、拍照工具。

（2）混凝土强度检测。

测量内容：保护帽混凝土的强度。

测量工具：回弹仪、非金属超声检测仪（图4.12）、卷尺、凡士林、粉笔。

 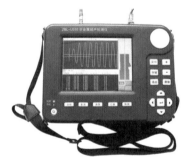

（a）回弹仪　　　　　　　　　　（b）非金属超声检测仪

图4.12　超声回弹综合法的测试仪器

测量步骤：

仪器准备。主要为回弹仪、非金属超声检测仪。超声检测为角测。

测区布置。主要满足下列两个条件：①测区边界距离构件边界不小于50 mm；②测区应避开保护帽混凝土内部钢材。本次测量的测区数为3个，回弹测区为16个，超声测点为3个，如图4.13和图4.14所示。

图4.13　回弹测区布置　　　　　　　　图4.14　超声测点布置

现场测量。先连接非金属超声检测仪，设置相应参数，包括构件名称、测区检测方式（角测）以及零声时的校对等。再开始采样，找到首波，保存数据，三组测完后记录声速值数据。现场测量如图4.15所示。

回弹值的测量。检查仪器，确保完好后对保护帽混凝土进行回弹测量。测量时，钢钻应稳固地放在测点上，并且回弹仪的中心轴应垂直于测点所在的平面；钢钻所在的位置应避开混凝土表面的空隙。对测区内16个测点进行一次测量并记录数据，如图4.16。

图4.15　超声检测　　　　　　　　　　图4.16　回弹测量

（3）钢筋腐蚀检测——电位测量。

测试内容：保护帽混凝土内钢材的电位。

测量仪器：高阻抗万用表、参比电极（铜–硫酸铜溶液参比电极）、导线。

测试步骤：

配置铜-硫酸铜参比电极。在容器中放入适量的硫酸铜晶体，再倒入蒸馏水溶解几分钟，充分溶解后保证容器中还存在一定的硫酸铜晶体，即该溶液为饱和的硫酸铜溶液。

连接仪器。将万用表负接线柱的导线与保护帽混凝土内钢筋相连，正接线柱的导线与参比电极相连。

在湿润的混凝土表面，沿钢筋分布方向进行测量（仅沿钢材方向每隔50 mm布置3个测点），如图4.17所示。

（a）铜-硫酸铜参比电极图　　　　　　　　（b）半电池电位法检测

图4.17　电位测量

（4）钢筋腐蚀检测——腐蚀电流测量。

测量内容：混凝土/大气界面处钢材的腐蚀电流。

测量仪器：电化学工作站Gamry-Reference600、电源、电脑、电极探头（包括辅助电极和氯化银参比电极）。

测量步骤：

布置电极探头。湿润待测钢材旁混凝土表面及电极探头的吸水海绵，并在待测钢筋混凝土表面布置电极探头。电极探头不应与钢材直接接触。

连接仪器。将电源与电化学工作站相连，并用USB接头将电脑与工作站连接，最后将电化学工作站上的红、白、绿三根不同颜色的导线分别与辅助电极、参比电极以及待测钢材相连。

软件操作。打开GAMRY Framework软件，选择动态电势A potential dynamic选

项，进入电势扫描界面，测量相应的电流-电势曲线，如图4.18所示。

（a）电极探头 （b）腐蚀电流测试

图4.18 腐蚀电流密度的现场检测

4. 检测结果和分析

（1）外观检查。

本次湖瓶××××线输电铁塔塔脚保护帽的外观并未出现裂缝，但各钢材与混凝土交界处出现坑洞，主要出现在两根斜角钢处，如图4.19所示。

（a）左侧钢材 （b）中间钢材 （c）右侧钢材

图4.19 混凝土保护帽钢材与混凝土交界处的外观图

由图可以看出，左、右侧角钢处混凝土表面分别有不同程度的积水坑，观察发现这两处的混凝土没有设置相应的坡度，故容易因积水、漏水导致腐蚀；而中间钢材处保护帽混凝土表面坡度设置合理，没有出现积水坑。因此，在设计、施工及验收时应注意保护帽混凝土坡度的设置，防止出现积水现象，从而避免混凝土/大气界面处钢材过早腐蚀。

（2）混凝土强度检测。

由超声回弹综合法检测的回弹值及声速值如表4.3所示。

表4.3 超声回弹综合法数据记录表

编号		测试回弹值R								测试角度	测试面状况	回测平均值	修正后回弹值			声速值V/（km/s）			侧面修正系数	修正后的声速值/(km/s)	换算强度/MPa
测区	强度	1	2	3	4	5	6	7	8				角度修正	侧面修正	修正后	1	2	3			
1	未知	23	17	15	20	17	21	16	20	90	干燥	19.3	0	0	19.3	0.66	0.66	0.66	1	0.66	<10
		28	18	21	21	16	21	24	18												
2	未知	19	16	17	20	15	18	29	18	90	干燥	17.2	0	0	17.2	0.52	0.52	0.52	1	0.52	<10
		14	16	15	21	17	17	18	13												
3	未知	17	22	17	18	20	17	19	19	90	干燥	17.7	0	0	17.7	3.947	3.722	3.722	1	0.54	<10
		18	17	17	21	17	16	18	17												

本次采用非金属超声仪角测的形式检测混凝土传播的声速值时，可能由于三棱形的保护帽形式对声波传递的影响，导致所测的声速值不太准确，对混凝土强度也无法采用超声回弹公式进行拟合。

根据《回弹法检测混凝土抗压强度技术规程》（JGJ/T 23—2001）进行混凝土强度的推算，当回弹值小于20 MPa时，其强度应小于10 MPa。因此，现场施工的混凝土强度远远不能满足输电铁塔保护帽的实际强度要求，有必要规范其设计、施工要求，提升混凝土的品质。

（3）钢筋腐蚀检测——电位测量。

采用半电池电位法检测钢筋腐蚀的电位数据结果如表4.4所示。

表4.4 电位值数据记录表

位置	电位值/mV								
	1		平均值	2		平均值	3		平均值
左侧	−455	−454	−454.5	−460	−463	−462	−474	−468	−471
中间	−389	−404	−396.5	−436	−436	−436	−323	−360	−341.5
右侧	−365	−358	−361.5	−377	−408	−393	−327	−345	−336

根据实验室对镀锌钢的电位测量情况看，当钢材的电位超过−400 mV时，实验室钢材的保护层会出现一定的细微裂缝，钢材可能发生腐蚀。故该保护帽内钢材发生腐蚀的可能性存在，但概率不高（仅可作为定性分析），有必要进一步定

量分析——腐蚀电流测量。

（4）钢筋腐蚀检测——腐蚀电流测量。

腐蚀电流分析如图4.20所示。

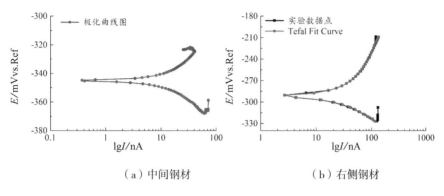

（a）中间钢材　　　　　　　　　（b）右侧钢材

图4.20　极化曲线图

数据拟合得到的保护帽内钢材锈蚀的电化学参数如表4.5所示。

表4.5　电化学参数分析表

位置	腐蚀电位/mV	腐蚀电流/A	阳极Tafel斜率/（mV/decade）	阴极Tafel斜率/（mV/decade）	阳极面积/mm²	腐蚀电流密度/（μA/cm²）
中间	−345	$5.19E^{-5}$	145	−88.7	3082.5	0.0017
右侧	−292	$5.54E^{-5}$	206.3	−79.1	2272.5	0.0024

以腐蚀电流密度作为钢材腐蚀的评价标准时，其腐蚀发生的临界电流密度为$0.1\mu A/cm^2$。由表4.5中数据可知，实测腐蚀电流密度小于临界腐蚀电流密度，说明该输电铁塔混凝土保护帽内钢材还没发生腐蚀。

5. 结论及建议

通过本次现场测试，熟练完成了各测试技术在混凝土保护帽上的应用，也验证了利用超声回弹综合法对输电铁塔塔脚保护帽混凝土的品质进行检测的可行性，以及半电池电位法和电化学工作站在现场检测混凝土钢材腐蚀的适用性及实用性。同时，发现在混凝土保护帽的设计、施工及验收时应注重保护帽的防腐处理，特别是混凝土的强度提升及保护帽混凝土表面的坡度设计，均有利于延长保护帽以及内部钢材的使用寿命。

4.4.2 仁家××××线、会大××××线及杭瓶××××线现场检测应用

1. 外观检查

（1）仁家××××线铁塔保护帽。

对仁家××××线某铁塔进行了外观检查，其中3个塔脚环境便于检查，如图4.21所示。

（a）塔脚1　　　　　　（b）塔脚2　　　　　　（c）塔脚3

图4.21　仁家××××线输电线路铁塔混凝土保护帽外观检查

检查结果表明：塔脚钢材表层采用油漆涂刷，有利于保护塔脚大气/混凝土界面处钢材不被腐蚀，但部分油漆涂层出现损坏，甚至脱落。同样地，混凝土保护帽的混凝土质量较差，塔脚1的保护帽质量要好于塔脚2、塔脚3；采用混凝土材料中粗骨料（碎石）的量较多，石灰及细骨料的量严重不足，导致混凝土的整体性不足，质量较差，塔脚四周的混凝土出现剥落现象。由于混凝土保护帽的质量较差，在塔脚2大气/混凝土交界面处发现混凝土保护帽内斜材出现腐蚀，如图4.22所示。

图4.22　仁家××××线某输电铁塔塔脚斜材腐蚀

（2）会大××××线铁塔保护帽。

对会大××××线铁塔3个混凝土保护帽的外观进行检查，并对保护帽的尺寸进行测量，如图4.23所示（3个塔脚一致）。

（a）塔脚1　　　　　　　　　　　　　　（b）塔脚2

（c）塔脚3

图4.23　会大××××线输电线路铁塔混凝土保护帽外观检查

检查结果表明：混凝土保护帽的外观质量较好，表现为新浇混凝土；混凝土保护帽的尺寸为610 mm×610 mm×250 mm，顶面坡度为30°，表面平整，施工质量较好。塔脚钢材表面没有涂层处理，在外观检查时无锈迹出现。

（3）杭瓶××××线铁塔保护帽。

对杭瓶××××线铁塔4个混凝土保护帽的外观进行检查，并对保护帽的尺寸进行测量，如图4.24所示。

塔脚1   塔脚2

塔脚3   塔脚4

图4.24 杭瓶××××线输电线路铁塔保护帽外观检查

杭瓶××××线铁塔处于一片菜地中，土质较软，铁塔的基础露出地面以上的部分较高，混凝土保护帽的尺寸为500 mm×500 mm×300 mm，顶面坡度约为37°。外观检查的结果表明：混凝土材料质量较差，以碎石为主，细骨料含量少，水泥质量较差，导致混凝土保护帽的密实性较差，存在表面可见的空洞，如图4.25所示。

图4.25　混凝土保护帽表面外观

2. 混凝土强度检测

采用超声综合法对仁家××××线、会大××××线及杭瓶××××线3条输电线路铁塔塔脚混凝土保护帽的质量进行检测，如图4.26、表4.6所示。

（a）回弹法检测

（b）超声法检测

图4.26　采用超声回弹综合法评估输电线路铁塔混凝土保护帽质量

表4.6 超声回弹综合法数据记录表

输电线路	测区	强度	1	2	3	4	5	6	7	8	测试角度	测试面状况	回测平均值	角度修正	侧面修正	修正后	1	2	3	侧面修正系数	修正后的声速值/(km/s)	换算强度/MPa
仁家××××线	塔脚1	未知	27 26	26 24	20 22	18 24	20 20	27 22	26 23	28 26	90	干燥	23.9	0	0	23.9	3.85	4.92	4.92	1	4.55	17.4
	塔脚2	未知	16 16	16 16	12 16	18 15	18 16	17 16	15 14	18 19	90	干燥	16.2	0	0	16.2	2.34	2.47	2.31	1.05	2.49	3.72<10
	塔脚3	未知	12 16	15 19	14 13	11 18	12 16	15 19	11 13	11 18	90	干燥	14.7	0	0	14.7	3.67	3.56	3.52	1.05	3.77	6.45<10
会大××××线	塔脚1	未知	35 27	28 29	25 27	24 26	26 27	24 26	26 27	28 28	90	干燥	26.8	0	0	26.8	3.26	3.29	3.17	1	3.24	11.7
	塔脚2	未知	33 21	24 27	25 26	25 26	33 27	25 22	31 22	25 20	90	干燥	25.2	0	0	25.2	3.11	3.00	3.38	1	3.17	10.4
	塔脚3	未知	31 34	30 33	36 33	34 34	38 33	31 38	32 30	31 35	90	干燥	33	0	0	33	3.37	3.13	3.36	1	3.29	16.1
杭瓶××××线	塔脚1	未知	16 14	11 15	12 15	11 20	28 16	19 16	20 22	18 16	90	干燥	16.0	0	0	16.0	3.10	3.08	3.54	1	3.24	5.7<10
	塔脚2	未知	16 13	13 23	11 15	14 16	22 17	19 24	19 10	12 12	90	干燥	15.7	0	0	15.7	2.89	2.89	2.37	1	2.72	4.1<10
	塔脚3	未知	16 16	18 20	24 16	22 15	20 12	16 15	19 14	11 11	90	干燥	16.5	0	0	16.5	2.71	3.36	3.20	1	3.20	5.8<10
	塔脚4	未知	15 15	13 13	21 10	20 14	19 25	21 15	18 20	15 15	90	干燥	16.7	0	0	16.7	3.22	3.902	1.77	1	2.96	5.2<10

　　从保护帽的混凝土检测结果来看：仁家××××线及杭瓶××××线保护帽的混凝土强度值较低，小于10 MPa；而对会大××××线保护帽的混凝土质量采用综合法进行测量，推算其混凝土强度大于10 MPa，3个塔脚的混凝土强度推算值分别为11.7 MPa、10.4 MPa、16.1 MPa，混凝土质量较高且施工质量较好。另外，采用超声对混凝土保护帽的声速值进行检测，相比于仁家××××线及杭瓶××××线，会大××××线铁塔塔脚的混凝土保护帽的检测波形整体相对稳定性较高，其声速值也较为稳定，在3.2 km/s左右，体现了混凝土材料的质量及施工质量较好。

　　上述测试结果的示例如图4.27~图4.29所示。对每个试件取6个波形图，对每个试件的声速值进行统计，结果如表4.7、表4.8所示。

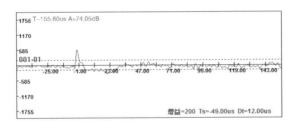

塔脚1

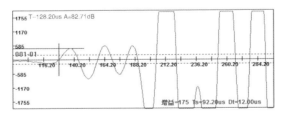

塔脚2

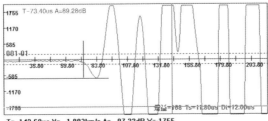

塔脚3

图4.27　仁家××××线超声测试波形图

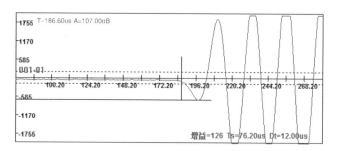

塔脚1

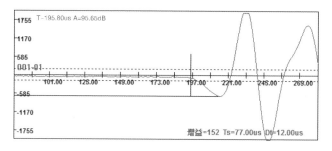

塔脚2

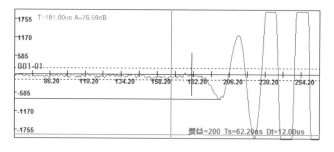

塔脚3

图4.28　会大××××线超声测试波形图

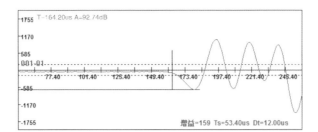

塔脚1

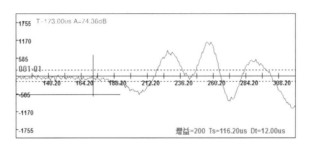

塔脚2

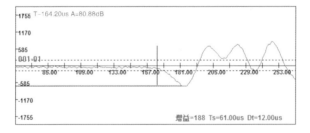

塔脚3

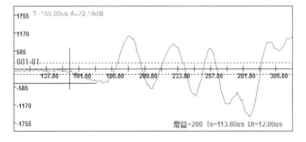

塔脚4

图4.29　杭瓶××××线超声测试波形图

表4.7　混凝土保护帽声速结果统计表

输电线路	构件	声速/（km/s）						平均值	标准差
		1	2	3	4	5	6		
仁家×××线	塔脚1	4.94	4.89	4.89	3.85	4.89	4.89	4.72	0.392
	塔脚2	2.45	2.59	2.43	2.71	2.66	2.66	2.58	0.107
	塔脚3	3.86	3.74	3.69	3.86	3.51	3.31	3.66	0.197
会大×××线	塔脚1	3.30	3.29	3.17	3.27	3.29	3.15	3.25	0.061
	塔脚2	3.11	3.00	3.34	3.09	2.84	3.37	3.12	0.185
	塔脚3	3.36	3.10	3.36	3.37	3.14	3.36	3.18	0.146
杭瓶×××线	塔脚1	3.11	3.08	3.54	3.10	3.07	3.20	3.18	0.165
	塔脚2	2.89	2.89	2.38	2.50	2.67	2.83	2.69	0.197
	塔脚3	3.04	3.34	3.20	3.08	3.16	3.07	3.15	0.102
	塔脚4	3.96	3.76	5.28	3.22	3.91	1.76	3.65	1.050

表4.8　混凝土保护帽波幅结果统计表

输电线路	构件	波幅/dB						平均值	标准差
		1	2	3	4	5	6		
仁家×××线	塔脚1	78.78	79.51	71.02	74.05	79.58	82.24	77.53	3.793
	塔脚2	82.71	72.06	80.08	70.32	71.96	73.09	75.04	4.631
	塔脚3	89.28	89.11	88.98	70.17	75.89	73.82	81.21	8.090
会大×××线	塔脚1	107.0	107.59	81.40	99.02	104.80	78.04	96.31	12.090
	塔脚2	95.65	74.31	82.40	93.09	73.16	81.79	83.4	8.515
	塔脚3	67.38	72.19	68.26	76.59	73.84	77.65	72.65	3.855
杭瓶×××线	塔脚1	92.74	87.41	73.78	94.98	87.33	81.67	86.32	7.039
	塔脚2	74.38	78.88	72.04	76.74	75.63	73.69	75.23	2.199
	塔脚3	80.88	75.66	68.82	80.08	73.01	68.30	74.46	4.934
	塔脚4	73.58	81.82	72.54	72.18	83.66	82.67	77.74	5.020

根据CECS 21：2000《超声法检测混凝土缺陷技术规程》，对比上述声速值的平均值及标准误差可以发现：会大××××线的混凝土保护帽的施工质量较

好，其声速值较为稳定，为3.2 km/s左右，标准误差值较小；而另两条线路的混凝土保护帽施工质量差，粗骨料（碎石）较多，声速值较为离散，标准误差值较大。另一方面，会大××××线的混凝土保护帽测出的波幅值更大，一定程度上可以反映出混凝土的质量。

3. 钢材腐蚀电流密度的检测

采用线性计划法对输电线路铁塔塔脚内钢材的腐蚀情况进行评估，如图4.30所示。

图4.30　混凝土内钢材的腐蚀电流密度检测

检测结果如图4.31～图4.33所示。

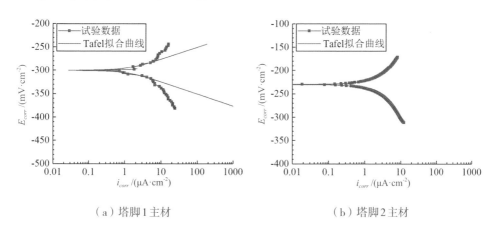

（a）塔脚1主材　　　　　　　　　　　（b）塔脚2主材

图4.31　仁家××××线某铁塔塔脚钢材极化曲线图

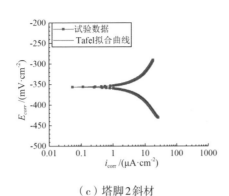

（c）塔脚2斜材

图4.31　仁家××××线某铁塔塔脚钢材极化曲线图（续）

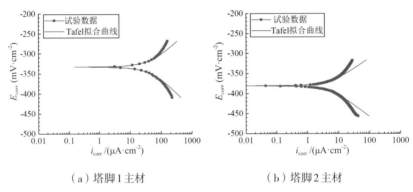

（a）塔脚1主材　　　　　　　　（b）塔脚2主材

图4.32　会大××××线某铁塔塔脚钢材极化曲线图

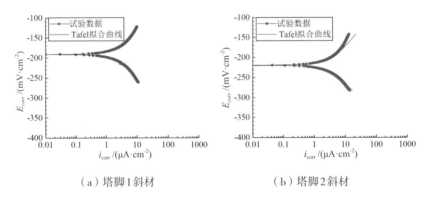

（a）塔脚1斜材　　　　　　　　（b）塔脚2斜材

图4.33　杭瓶××××线某铁塔塔脚钢材极化曲线图

　　数据拟合得到的保护帽内钢材腐蚀的电化学参数及腐蚀程度评估如表4.9、表4.10所示。

表4.9　电化学参数分析表

输电线路	塔脚	腐蚀电位/mV	腐蚀电流/μA	阳极Tafel斜率/(mV/decade)	阴极Tafel斜率/(mV/decade)	极化电阻/Ω
仁家××××线	塔脚1斜材	−301	1.579	25.50	−25.90	3534
	塔脚2主材	−230	4.233	154.4	−155.6	7950
	塔脚2斜材	−333	45.40	73.40	−76.80	358.9
会大××××线	塔脚1主材	−356	26.89	584.4	−348.4	3524
	塔脚2主材	−381	5.210	52.50	−58.40	2304
杭瓶××××线	塔脚1斜材	−220	3.780	98.00	−92.50	5467
	塔脚2斜材	−191	12.21	436.2	352.0	6930

表4.10　腐蚀程度评估表

输电线路	塔脚	腐蚀电位/mV	腐蚀电流/μA	阳极影响深度d/mm	钢材测试长度C/mm	钢材测试截面面积A/mm²	腐蚀电流密度/(μA/cm²)	腐蚀状态
仁家××××线	塔脚1主材	−301	1.579	62.5	80×2	10000	0.01579	未腐蚀
	塔脚2主材	−230	4.233	62.5	150×2	18750	0.02258	未腐蚀
	塔脚2斜材	−333	45.40	62.5	80×2	10000	0.4540	腐蚀程度低
会大××××线	塔脚1主材	−356	26.89	62.5	80×2	10000	0.2689	腐蚀程度低
	塔脚2主材	−381	5.210	62.5	80×2	10000	0.05210	未腐蚀
杭瓶××××线	塔脚1斜材	−220	3.780	62.5	80×2	10000	0.03780	未腐蚀
	塔脚2斜材	−191	12.21	62.5	80×2	10000	0.1221	腐蚀程度低

从电化学无损检测结果来看：仁家××××线铁塔混凝土保护帽塔脚2斜材的腐蚀电位为−333 mV、腐蚀电流密度为0.4540 μA/cm² ＞0.1 μA/cm²、极化电阻为358.9 Ω＜500 Ω，均反映出该塔脚出现腐蚀，这与现场观测到该塔脚出现腐

蚀现象是一致的。因此，结合电化学无损检测技术，以腐蚀临界条件作为依据（$i_{corr}>0.1\ \mu A \cdot cm^{-2}$，$E_{corr}<-300\ mV \cdot cm^{-2}$，$R_p<500\ \Omega$），能够判断混凝土保护帽内钢材的腐蚀程度。

4.5 输电线路铁塔塔脚安全分级分析

依据 GB 50144—2008《工业建筑可靠性鉴定标准》，当结构发生较严重的质量缺陷或者出现严重的腐蚀、损伤或变形时，须进行可靠性鉴定；当结构受到一般腐蚀或存在其他问题时，在不影响局部建（构）筑物整体时须进行专项鉴定。针对输电线路铁塔混凝土保护帽内部钢材的腐蚀问题，应根据钢结构可靠度鉴定方法对混凝土保护帽内部钢材腐蚀后的输电线路铁塔进行相应的安全性等级评估，评估流程如图4.34所示。

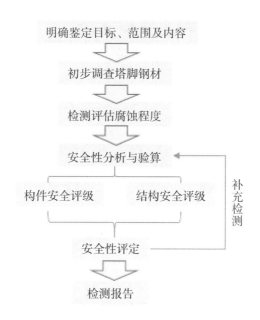

图4.34　腐蚀引起的安全性评估流程

对输电线路铁塔的可靠度鉴定主要包括两方面的内容：钢构件的安全等级及结构的安全等级。其安全性评级标准如表4.11、表4.12所示。

表4.11　钢构件的安全性评级

安全性等级	要　求
a级	符合国家现行标准规范的安全性要求，安全，不必采取措施
b级	略低于国家现行标准规范的安全性要求，仍能满足结构安全性的下限水平要求，不影响安全，可不必采取措施
c级	不符合国家现行标准规范的安全性要求，在目标使用年限内明显影响正常使用，应采取措施
d级	极不符合国家现行标准规范的安全性要求，已严重影响安全，必须及时或立即采取措施

表4.12　钢结构的安全性评级

安全性等级	要　求
A级	符合国家现行标准规范的安全性要求，不影响整体安全，可能有个别次要构件宜采取适当措施
B级	略低于国家现行标准规范的安全性要求，仍能满足结构安全性的下限水平要求，尚不显著影响整体安全，可能有极少数构件应采取措施
C级	不符合国家现行标准规范的安全性要求，影响整体安全，应采取措施，且可能有极少数构件必须立即采取措施
D级	不符合国家现行标准规范的安全性要求，影响整体安全，应采取措施，且可能有极少数构件必须立即采取措施

对于钢构件而言，评定其安全性等级的依据为：钢构件的承载能力项目，应根据结构构件的抗力 R 和作用效应 S 及结构重要性系数 γ_0 按表4.13评定等级。在确定构件抗力时，应考虑实际的材料性能和结构构造，以及缺陷损伤、腐蚀、过大变形和偏差的影响。

表4.13　钢构件承载能力评定等级

构件种类	$\gamma_0 S/R$			
	a	b	c	d
重要构件、连接	≥1.00	<1.00，≥0.95	<0.95，≥0.90	<0.90
次要构件	≥1.00	<1.00，≥0.92	<0.92，≥0.87	<0.87

对于发生腐蚀的钢构件而言，建立腐蚀程度与安全性等级的对应关系，如表4.14所示，有利于定量地评定腐蚀对于输电线路铁塔安全性能的影响。

表 4.14　腐蚀程度与安全性等级的关系

腐蚀程度	I	II	III	IV
安全性等级	a	b	c	d

4.6 输电线路铁塔塔脚腐蚀后的安全性分析

4.6.1 主材腐蚀对输电线路铁塔安全性的影响

1. 主材腐蚀对铁塔整体安全性的影响

当仅考虑塔脚1主材1–A发生腐蚀时，在不同腐蚀率(η=0% ~ 70%)的情况下，对铁塔所有杆件的计算应力进行统计分析，获得整体杆件应力/设计强度分布情况。如图4.35所示为单根塔脚主材腐蚀对铁塔整体杆件安全性的影响。

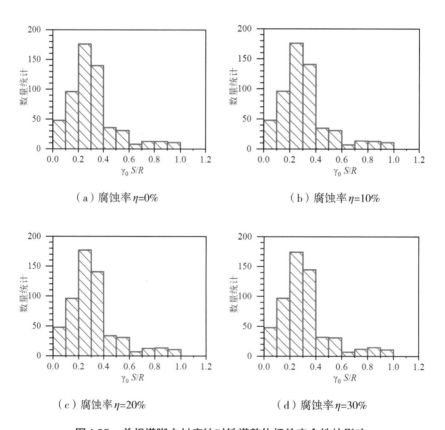

（a）腐蚀率η=0%　　　　　　　　（b）腐蚀率η=10%

（c）腐蚀率η=20%　　　　　　　　（d）腐蚀率η=30%

图 4.35　单根塔脚主材腐蚀对铁塔整体杆件安全性的影响

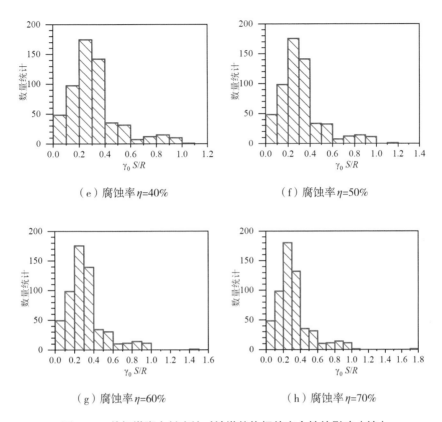

（e）腐蚀率η=40%　　　　　　　　（f）腐蚀率η=50%

（g）腐蚀率η=60%　　　　　　　　（h）腐蚀率η=70%

图4.35　单根塔脚主材腐蚀对铁塔整体杆件安全性的影响（续）

如图4.35所示，当单根主材腐蚀率η低于30%时，主材腐蚀程度对结构杆件的应力/设计强度($\gamma_0 S/R$)影响较小；当腐蚀率η高于40%时，部分杆件$\gamma_0 S/R$数值超过1.0，表明已有杆件的安全性不满足原有设计要求。不满足设计要求杆件的$\gamma_0 S/R$数值随腐蚀率η增加呈快速增长趋势；同时，图中整体杆件$\gamma_0 S/R$数值分布向右侧偏移，表明铁塔的安全性随主材腐蚀程度增长而降低。

2. 主材腐蚀对塔脚杆件安全性的影响

图4.36反映了在单根主材不同腐蚀率下，4个塔脚主材的$\gamma_0 S/R$变化情况。由图可知，随着塔脚1主材1–A腐蚀率增加，主材1–A的$\gamma_0 S/R$值随腐蚀率增加而增加，且曲线斜率逐渐增长，这表明腐蚀引起的主材截面损失，一方面会导致荷载作用下传递到该杆件的应力效应增加，另一方面结构整体内力重分布后对受腐蚀主材产生增大应力的效应。对于未发生腐蚀的其他3个塔脚，其主材的$\gamma_0 S/R$值变化较小。

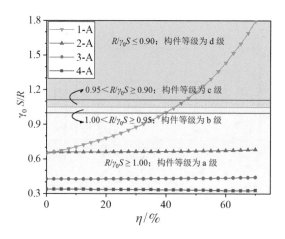

图4.36 单一主材腐蚀对塔脚杆件安全性的影响

参照GB 50144—2008《工业建筑可靠性鉴定标准》对主材1-A进行安全等级评定，当腐蚀率分别为42.3%、45.7%及49.6%时，杆件的安全等级分别由a级降到b级、b级降到c级、c级降到d级。因此，当达到某临界腐蚀率时（本项目主材1-A临界腐蚀率为42.3%），铁塔钢构件的安全等级会降低；且伴随着较小的腐蚀率增长（由42.3%增长至49.6%），构件安全等级将迅速下降。

4.6.2 斜材腐蚀对输电线路铁塔安全性的影响

1. 斜材腐蚀对铁塔整体安全性的影响

在仅有塔脚1斜材1-B发生腐蚀的情况中，在不同斜材腐蚀率下，对铁塔所有构件$\gamma_0 S/R$值进行数理统计可知，单根斜材腐蚀，对于整体应力分布几乎没有影响，与单一主材腐蚀的结论相似。当腐蚀率$\eta < 70\%$时，所有构件均处于安全状态；随着腐蚀率进一步加大，有部分构件安全等级降低，当腐蚀率$\eta = 90\%$时，部分构件$\gamma_0 S/R$值达到1.2。

当仅考虑塔脚1斜材1-B发生腐蚀时，对斜材发生不同腐蚀率$(\eta = 0\% \sim 90\%)$下，对输电铁塔所有构件的计算应力进行统计分析，获得整体构件应力/设计强度分布情况，如图4.37所示。当单根斜材腐蚀率η低于70%时，所有构件仍满足设计安全要求；随着腐蚀率进一步加大，当腐蚀率达到90%时，部分构件$\gamma_0 S/R$数值达到1.2，表明已有构件的安全性不满足原有设计要求。

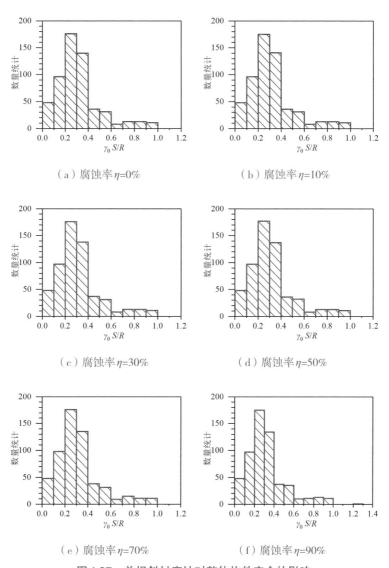

（a）腐蚀率$\eta=0\%$

（b）腐蚀率$\eta=10\%$

（c）腐蚀率$\eta=30\%$

（d）腐蚀率$\eta=50\%$

（e）腐蚀率$\eta=70\%$

（f）腐蚀率$\eta=90\%$

图4.37 单根斜材腐蚀对整体构件安全的影响

2. 斜材腐蚀对塔脚构件安全性的影响

如图4.38所示为塔脚1斜材1–B发生不同程度腐蚀时，4个塔脚主材及斜材1–B的应力/设计强度（$\gamma_0 S/R$）变化情况。斜材1–B发生腐蚀对3个塔脚（2、3、4）的主材安全性影响很小；而塔脚1主材$\gamma_0 S/R$值略有减小，即其构件安全性略有提高，可能是由于斜材处发生腐蚀引起的截面减小导致塔脚1的主材和斜材构件产生一定程度的内力重分布。随着塔脚1斜材1–B腐蚀率的增加，与4.2.1小节中主材腐蚀情况类似，斜材1-B的$\gamma_0 S/R$值随腐蚀率的增加而增加，且曲线斜率逐渐增长，这表明腐蚀引起的斜材截面损失，一方面会导致荷载作用下传递到该构件应力效应增加，另一方面结构整体内力重分布后对受腐蚀斜材也产生增大应力的效应。当腐蚀率达到84.4%时，斜材1-B安全等级由a级降到b级。

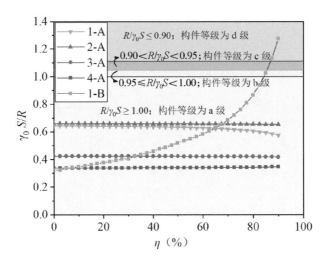

图4.38　单一斜材腐蚀对塔脚构件安全性的影响

值得注意，塔脚构件的安全等级下降受腐蚀率的影响，在一定程度上与构件设计时初始安全余度有关。例如，本案例分析中，塔脚1主材初始的应力/设计强度值为0.64，当腐蚀率达到临界值42.3%时，安全等级开始发生变化；而塔脚1斜材的应力/设计强度值为0.32，安全余度较大，当腐蚀率达到临界值84.4%时，其安全等级才发生改变。

4.6.3　塔脚腐蚀数量对输电线路铁塔安全性的影响

本节研究5种腐蚀工况下输电线路铁塔塔脚主材安全性能的变化，工况划分如下：

工况一：塔脚1-A腐蚀；工况二：塔脚1-A、2-A腐蚀；工况三：塔脚1-A、3-A腐蚀；工况四：塔脚1-A、2-A、3-A腐蚀；工况五：所有塔脚主材腐蚀。4个塔脚主材的应力/设计强度（$\gamma_0 S/R$）在不同工况下随腐蚀率的变化如图4.39所示。

5种工况下，4根主材$\gamma_0 S/R$值均呈现出一定的"独立性"。塔脚主材安全性能退化主要由其自身腐蚀程度决定，与其他主材腐蚀的关系较小；当超过某一临界腐蚀率时，不同工况下，主材 $\gamma_0 S/R$ 值随腐蚀率的变化呈现出一定差异。例如，从图4.39（a）可以发现，当腐蚀率η达到50%时，工况二、工况四、工况五的曲线斜率比工况一和工况三要大，这反映塔脚1-A在工况二、工况四、工况五下构件安全性能退化相对较快。

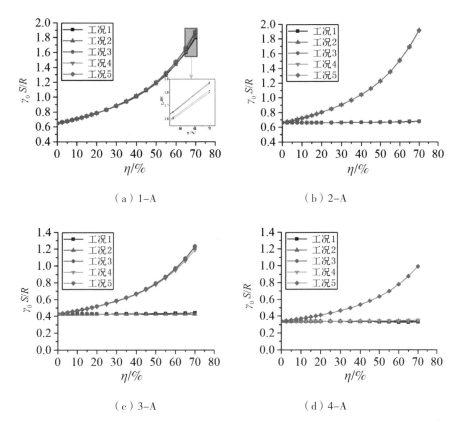

（a）1-A   （b）2-A

（c）3-A   （d）4-A

图4.39 塔脚主材在不同腐蚀情况下安全性能退化曲线

通过整理上述有限元分析的数据结果，提取本案例中的控制构件单元（即安全等级首先由a级降至b级的构件单元）信息。5种工况下，控制构件单元 $\gamma_0 S/R$ 值随腐蚀率增加均明显增长。当腐蚀率$\eta<30\%$时，控制构件在各个工况下的性能退化情况相近；当腐蚀率$\eta>30\%$时，在工况一中，控制构件安全度下降最慢，在工况四、工况五中，控制构件安全度下降最快。这反映控制构件的安全性退化与腐蚀塔脚的数量有关，如图4.40所示。

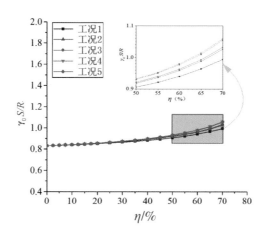

图4.40　不同主材腐蚀情况下控制构件的安全性能退化曲线

4.7 铁塔塔脚腐蚀修复方案研究

4.7.1 塔脚轻度腐蚀时专用防腐漆开发

1. 试验及材料

无溶剂环氧涂料原材料：环氧树脂E51购自台湾南亚树脂厂，酚醛环氧购自陶氏，活性稀释剂、分散剂、防沉剂、单宁酸、硫酸钡、滑石粉和腰果酚改性胺类固化剂等为工业品级，助剂BYK。

铁塔塔脚防护用无溶剂环氧涂料配方如表4.15所示。

表4.15　无溶剂环氧涂料配方

组分/（wt/%）		组分/（wt/%）	
环氧树脂E51	40～50	活性稀释剂AGE	10～12
酚醛环氧	8～10	KH560	0.5～1.0
分散剂	0.5～1.0	绢云母	10～15
单宁酸	1.5～3.5	硫酸钡	8.0～10.0
磷酸锌	10～15	防沉剂	0.5～1.0
滑石粉	10～15	流平剂	适量

无溶剂环氧涂料制备方法：按表4.15配比在环氧树脂中加入酚醛环氧、分散剂、KH560、磷酸锌、滑石粉、单宁酸、绢云母、硫酸钡、防沉剂等填料和助剂

（按照先轻后重的顺序），在分散设备中搅拌均匀，然后用砂磨机研磨至规定细度，过滤，包装，即得铁塔塔脚防护用低黏度无溶剂环氧涂料，涂料的黏度为1 500~1 600 mPa·s。

2. 无溶剂涂料 / 镀锌钢电极制备

将镀锌钢板加工为1 cm × 1 cm × 0.3 cm，取镀锌层面作为工作面，对立面焊接铜导线，其余面在PVC柱形套管中用环氧树脂封装，固化7天后采用SiC砂纸逐级打磨至2 000目，蒸馏水冲洗，丙酮浸泡30 min除油，放置在真空干燥箱备用。采用线状涂布器在电极上涂装无溶剂涂料，涂料与固化剂的质量比为5:1，干膜厚度为（150±4）μm。

3. 测试手段

采用CHI660-E电化学工作站，以交流阻抗谱和动电位极化曲线研究所制备的无溶剂环氧涂料在3.5%NaCl溶液中浸泡不同的时长。以无溶剂涂料/镀锌钢为工作电极，带有鲁金毛细管的饱和甘汞电极为参比电极，铂电极（工作面面积为2.0 cm²）为对电极，在3.5%NaCl溶液中浸泡待开路电位（OCP）稳定后，在OCP下以正弦波扰动幅值20 mV，频率范围为10^{-2}~10^5 Hz进行EIS扫描。极化曲线测试的电位扫描范围为–0.25~+0.25 Vvs.OCP，扫描速率0.001 V/s。采用CHI660E自带的Special analysis软件在Tafel区拟合，解析电化学腐蚀参数。

4. 试验结果

对于铁塔塔脚腐蚀轻微和不严重的区域，一般采取涂刷防腐涂料措施。对于腐蚀产物比较疏松的区域，应先人工去除腐蚀物，再进行涂装。为了减少施工步骤，本项目发明一种带锈涂装（低表面处理）环氧防腐涂料。该涂料具有与镀锌钢基材表面附着力好、可带锈涂装、防腐性能好等优点，产品性能如图4.41所示。涂料配方开发和设计原则如下：选用环氧树脂E20为成膜物质，其柔韧性好，附着力佳；填料中采用磷酸盐和多聚磷酸盐为防腐剂，可以与基材镀锌层反应，提高涂料对基材的附着力和防护性能；添加反应型有机物，可与基材腐蚀产物发生化学反应；固化剂采用快干型改性胺类固化剂，增加交联密度。为了对比制备涂料对塔脚镀锌钢在3.5%NaCl溶液中的防护效果，分别测试镀锌钢（镀锌钢已在空气中放置2年，表面镀锌层被空气氧化）和涂层/镀锌钢在3.5%NaCl溶液中浸泡35天后的动电位极化曲线，如图4.42所示。由图可知，涂层/镀锌钢体系的自腐蚀电位正移，说明其腐蚀倾向小；与纯镀锌钢电极相比，涂覆涂层后镀锌钢的阳极极化曲线斜率从168.2 mV/dec增大到254.3 mV/dec，阴极极化曲线斜率绝对值从136.4 mV/dec增大到252.7 mV/dec，说明无溶剂涂料同时抑制了镀锌层阳极反应和阴极反应。在Tafel区进行拟合，得到电化学腐蚀参数。镀锌钢和涂层/镀锌钢在3.5%NaCl溶液中浸泡35天后的自腐蚀电流密度分别为74.4 $\mu A/cm^2$ 和 0.213 $\mu A/cm^2$，说明无溶剂环氧石墨烯涂料使镀锌钢在3.5%NaCl溶液中的腐蚀速率降低为原腐蚀速率的1/350。

（a）冲击试验　　　　　　　　　　（b）划格试验

图4.41　塔脚用带锈涂装石墨烯环氧防腐涂料性能测试

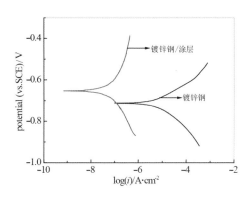

图4.42　塔脚镀锌钢和涂层/镀锌钢在3.5%NaCl溶液中浸泡35天后的极化曲线

同时对塔脚镀锌钢在实验室进行涂装，并进行盐雾加速腐蚀实验。图4.43为自制带锈涂装石墨烯环氧防腐涂料在镀锌钢扣件上涂装后，盐雾500小时的照片。

未涂装　　　一半涂装　　　全部涂装

图4.43　自制带锈涂装石墨烯环氧防腐涂料在镀锌钢扣件上涂装盐雾500小时照片

4.7.2 塔脚中度腐蚀时包覆防护技术开发及应用示范

1. 复层包覆技术特点

复层包覆防腐体系由四层紧密相连的保护层组成，即由矿脂防蚀膏、矿脂防蚀带、密封缓冲层和防蚀保护罩组成，如图4.44所示。其中矿脂防蚀膏、矿脂防蚀带是包覆防腐技术的核心部分，含有优良的缓蚀成分，能够有效阻止腐蚀介质对输电铁塔塔脚的侵蚀，并可带水施工。密封缓冲层和防蚀保护罩具有良好的耐冲击性能，不但能够隔绝雨水，还能够抵御机械损伤造成的破坏。其中，密封缓冲层和防蚀保护罩可视防腐构件实际情况进行取舍。

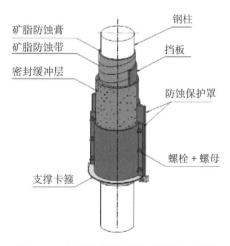

图4.44　复层包覆防腐体系结构示意图

127

矿脂防蚀膏是包覆防腐技术中主要的防腐蚀材料，位于包覆的最内层，与被保护结构物紧密接触。它主要是在功能性基料里添加能起稠化作用的稠化剂、复合防腐剂和其他辅助添加剂而形成的一种均匀的黏性膏状物，能很好地黏附在需要保护的钢结构表面。矿脂防蚀膏中含有多种防腐成分，在潮湿的环境中具有很好的防腐蚀性能，能够长期、高效、稳定地使钢构筑物在重腐蚀区域中免遭腐蚀。

2. 复层包覆技术特点

（1）对表面处理的要求低。

防蚀膏中的复合防腐剂中含锈转化剂，可以在常温下直接与钢铁表面的锈和氧发生化学反应，把厚度在$80\mu m$以下的铁锈层转化成稳定的化合物，使铁锈转化为无害的且具有一定附着力的坚硬外壳，形成保护性封闭层，防止钢铁氧化锈蚀，起到除锈防锈双重作用。锈转化剂的使用，可以降低施工前表面处理的要求，节约人力物力，降低成本。图4.45所示即为Q235表面低、中、高不同锈蚀程度下使用锈转化剂前后的表面状态对比，图中直观显示红褐色的锈层已经转化为黑色、光亮的保护膜。

图4.46展示了防蚀膏中锈转化剂作用的原理。锈转化剂主要含有H_3PO_4、聚合物及其他成分，涂覆于钢铁表面后，H_3PO_4与锈蚀中红褐色的Fe^{3+}形成黑色的$FePO_4$膜层，聚合物则与锈蚀形成Fe-聚合物膜层，由于所形成的膜层较为致密，具有良好的保护效果，从而达到钢铁腐蚀的修复效果。

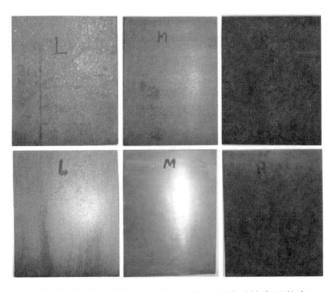

图4.45　不同腐蚀程度下使用锈转化剂前后的表面状态

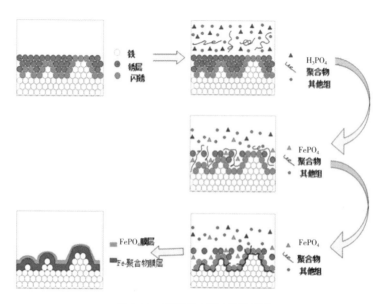

图4.46　锈转化剂作用原理图

（2）对缝隙持续渗透。

防蚀膏在服役期间不固化，有利于在毛细作用下对铁塔塔脚的缝隙进行持续渗透，从而使防蚀膏中的有效成分持续发生作用。

（3）可以带水施工。

复合防锈剂含有不对称结构的表面活性物质，其分子极性比水分子极性更强，与金属的亲和力比水更大，可以将金属表面的水膜置换掉。复合防锈剂分子以极性基团朝里，非极性基团朝外的逆胶束状态溶存于功能性基料中。吸附和捕集腐蚀性物质，并将其封存于胶束之中，使之不与金属接触，从而起到防腐蚀作用。

（4）施工工艺简单。

防蚀膏涂敷和防蚀带的施工，不需要等待固化，可连续施工，加快了施工速度，节省施工时间，综合防腐费用较低。

（5）有机的整体。

防蚀膏和防蚀带上含有相同类型的防锈成分，相互之间由于有着共同的化学性质，可以有机地黏结在一起而变为一体；尽管腐蚀钢材表面凹凸不平，但防蚀膏能够全面覆盖在钢材表面并完全吻合，致密性好。

（6）强度高，耐冲击。

防蚀保护罩内表面采用密封缓冲层进行包覆，即使被包覆的钢结构受到船舶、漂浮物等外力的撞击，也能吸收部分能量，从而减弱甚至防止被包覆的钢结构受到冲击和破坏。即使被包覆的钢结构与防蚀保护罩在制造上有误差，也可自行调整。

（7）防蚀保护罩的性能优良。

防蚀保护罩本身强度大，耐冲击能力强，具有良好的抗热胀冷缩的性能，具有良好的耐酸、耐碱性能，可以耐高温，能够抵抗海边昼夜温差大、空气湿度大、盐分大的恶劣腐蚀环境。

（8）防蚀保护罩的制备工艺灵活。

对于形状规则的钢结构，防蚀保护罩材料可以在工厂中预制成型；对于形状不规则的钢结构物，则可以根据被保护的基材形状，在现场加工成型；防蚀保护罩与基材结合紧密，形状规则和不规则的钢结构物均可选择使用。

（9）防止生物污损。

防蚀保护罩和钢材之间没有空隙，可以有效地阻止生物在被保护钢结构上繁殖，达到防止生物污损的目的。

（10）重量轻。

整个包覆防腐系统重量轻，对钢结构物基本不增加额外的载荷力，不影响整体结构的承载能力。

（11）无污染，绿色环保。

防蚀膏、防蚀带材料没有使用任何有机溶剂，属于绿色环保材料，对环境不会造成任何污染。

3. 复层包覆技术的施工工艺

复层包覆技术的施工工艺如表4.16所示。

表4.16　施工工艺

序号	项目内容	操作图片	操作说明	操作基准	危险源或接触介质	防护措施
1	表面处理		用铲刀铲除浮锈和鼓泡，用砂纸或钢丝刷打磨除锈；用刷子和抹布去除表面浮灰和油渍	表面无明显鼓泡和浮锈，无明显浮灰和油渍。一般要求达St2级	机械伤害	防护手套、安全帽

续表

序号	项目内容	操作图片	操作说明	操作基准	危险源或接触介质	防护措施
2	涂抹矿脂防蚀膏		用手将防蚀膏均匀涂抹于构件表面	涂抹完后不露出螺栓原色	矿脂防蚀膏	安全帽、防溶剂手套
3	缠绕矿脂防蚀带		进行粘贴时，从下往上依次粘贴，每层依次搭接50%，保证每处均有2层以上防蚀带覆盖	粘贴时，应一面粘贴一面用手抚平矿脂防蚀带，将带内气体完全排出，确保防蚀带能紧贴结构表面	矿脂防蚀带	安全帽、防溶剂手套
4	包无纺布		将防蚀带表面完全覆盖，并确认缠覆情况完好	表面无防蚀带的本色，缠覆情况良好	—	安全帽
5	涂抹环氧树脂		用滚筒刷把环氧树脂均匀涂抹于无纺布表面	表面涂覆均匀	环氧树脂	安全帽、防溶剂手套
6	包玻璃纤维并涂抹环氧树脂		从上至下将表面完全覆盖，并确认缠覆情况完好	玻璃纤维覆盖完整，环氧树脂涂覆均匀	玻璃纤维、环氧树脂	安全帽、防溶剂手套
7	涂刷外防腐剂		用毛刷沾取少许外防腐剂，在整理平整的表面进行均匀涂刷	外防腐剂要涂刷2次。用手指触摸确认干燥后，再刷第二遍	外防腐剂	安全帽、防溶剂手套

序号	项目内容	操作图片	操作说明	操作基准	危险源或接触介质	防护措施
8	自然干燥、检查		完成后，对施工表面进行100%目视检查。检查表面是否有缝隙或气囊	包覆防腐体系不应有气泡、龟裂、脱皮、露底等缺陷	—	安全帽

4. 腐蚀塔脚防护的示范应用

本项目选择具备典型海洋性环境特点的宁波北仑区部分线路铁塔进行地脚螺栓包覆防腐技术的示范应用。图4.47所示为宁波北仑区某塔的施工前后对比。

图4.47　宁波北仑区内某塔施工前后对比

第五章 基于图像识别的钢构件腐蚀缺陷快速预判技术

目前，输变电设备的腐蚀评价主要依靠运行人员的肉眼观察和个人经验，缺乏统一、规范、科学、定量、可靠、快捷的评价方法，导致后续的防腐维护存在随意性和盲目性，防腐检修计划难以确定何时进行，何时应该更换设备，从而影响防腐效果，甚至产生安全风险。针对这一多年难题，亟须开展浙江电网输变电设备腐蚀安全评价技术研究。通过开展科学的输变电设备腐蚀状态评价，评定输变电设备的腐蚀状态和安全程度，综合考虑经济因素、腐蚀速率和安全风险，根据评估结果提出差异化的防腐维护和更换策略，制订可预测性的输变电设备防腐维修、维护的计划，从而延长输变电设备的使用寿命，最终降低运营成本，达到输变电设备在整个寿命周期内的利益最大化。这一研究为输变电设备运行和后期防腐维护工作提供理论支持和实践依据，实现输变电设备长寿命、少维护或免维护的防腐效果，符合目前大力提倡的设备状态检修和全寿命周期管理理念，有利于对输变电设备实行科学管理，减少腐蚀安全隐患，减少腐蚀引起的安全事故和经济损失，对电网安全运行具有重要意义。

5.1 基于图像识别技术的标准腐蚀谱图分级软件

依据输变电腐蚀相关技术标准，提出适合现场应用的输变电设备腐蚀状态定量评估方法，建立输变电钢构件的腐蚀分级评价系统，制定标准腐蚀谱图的分级评价指标，采集输变电钢构件腐蚀图像数据。并通过图像识别技术手段，学习图像特征，建立输变电钢构件腐蚀图像识别模型。

基于现有真实图像与标准谱图数据集，本项目开发了输变电钢构件标准腐蚀谱图分级检测软件，如图5.1所示。该检测软件主要由以下几个部分组成：

（1）输变电钢构件图像显示区域；

（2）输变电钢构件基本信息显示区域；

（3）腐蚀面积计算设置与控制区域；

（4）识别计算结果显示区域。

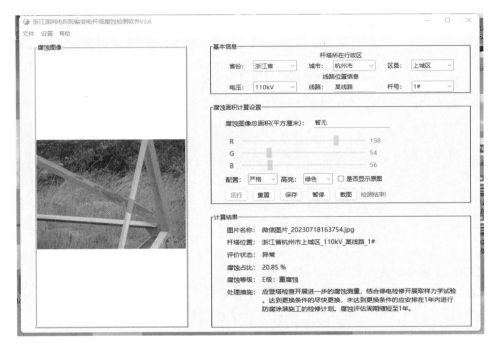

图5.1　输变电钢构件标准腐蚀谱图分级检测界面

读取本地图像、设定基本配置信息后，即可运行检测程序。同时软件支持全国范围内地理位置信息填写，将铁塔图像的位置信息和电压线路等信息一一对应，实现铁塔腐蚀检测的精准定位，便于工人定位维修。本章节分别对腐蚀检测算法、腐蚀评估方法、软件界面与功能展开描述。

5.1.1 输变电钢构件腐蚀分级检测方案介绍

腐蚀图像的定量分析是本项目拟解决的难点问题，输变电钢构件图像只能在户外获取，因存在背景复杂、拍摄环境多变等干扰因素，给图像识别带来巨大挑战。综合考虑以上因素，本项目基于不同拍摄场景建立了三种检测模式，分别为远景检测模式、近景检测模式、局部检测模式。检测流程如图5.2所示，输变电钢构件体型巨大，无法通过单次拍摄获取整塔腐蚀情况，需要制定统一的拍摄标准，按照"远景图—近景图—局部图"递进模式，依次获取不同拍摄距离的图像。

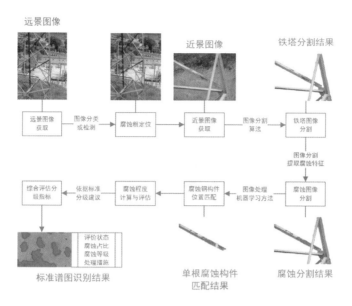

图5.2　输变电钢构件腐蚀识别算法流程

5.1.2 远景检测模式

远景检测需要对输入图像进行腐蚀区域粗定位。当拍摄人员与铁塔距离较远时，利用远景图像进行腐蚀区域定位，确定腐蚀大致区域范围。具体方法为：先将远景图像按照设定标准划分横、纵方向网格，形成多个图像块，然后基于ResNet-50神经网络图像分类算法与滑动窗口技术，对图像块进行"背景-腐蚀钢构件-未腐蚀钢构件"三分类预测识别，最后结合所有图像块的检测结果，得到远景图像的腐蚀区域，如图5.3所示。

图5.3　远景检测模式示例

5.1.3 近景检测模式

近景检测是本项目的核心重点，在前序步骤得到腐蚀部位粗定位结果后，拍摄人员可根据粗定位的结果确定需要进一步拍摄的输变电钢构件腐蚀部位，并将相应图像输入软件，进行近景图像腐蚀定量识别。该模式通过对近景图像进行识别分析，最终得到钢构件腐蚀定量分析结果。基于以上目的，本项目提出基于图像语义分割的钢构件腐蚀分级检测方法。流程如图5.4所示。

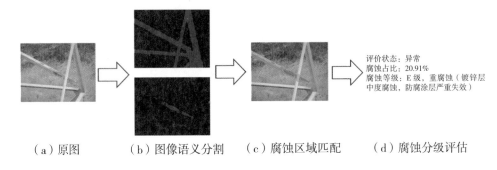

（a）原图　　　　（b）图像语义分割　　　（c）腐蚀区域匹配　　　（d）腐蚀分级评估

图5.4　近景检测模式流程图

主要步骤包括：腐蚀图像与钢构件图像语义分割，钢构件腐蚀区域匹配，腐蚀分级评估。

1. 腐蚀图像与钢构件图像语义分割

该步骤基于DeeplabV3+语义分割算法，主要分为两个部分：其一是钢构件图像分割，因自然场景的图像存在大量的干扰（如房屋、杂草、树木等），需要对钢构件部分进行语义分割，得到无背景的钢构件图像；其二是腐蚀图像分割，本项目的主要目标是腐蚀程度的定量分析，因此需要对图像中的腐蚀部位进行图像分割，得到更为细致的像素信息，用于定量分析。

算法模型的整体架构流程如图5.5所示。分割网格的两个部分被称作编码器和解码器，基于编码器–解码器结构的神经网络实现：第一部分将信息"编码"（Encoder）为压缩向量来代表输入；第二部分解码器（Decoder）的作用是将这个信号重建为期望的输出。DeepLabV3+的Encoder的主体带有空洞卷积的深度神经网络（Deep Convolution Neural Network，DCNN），主干网络采用常见的分类网络如ResNet，同时采用带有空洞卷积的空间金字塔池化模块（Atrous Spatial Pyramid Pooling, ASPP），由此引入多尺度信息；将底层特征与高层特征进一步融合，提升分割边界准确度。在钢构件分割检测应用中，我们发现该算法具有很高的识别准确率，通过数据集制作与预处理步骤后，将所得信息输入DeepLabV3+网络中，并进行图像后处理与UI显示，即可得到如图5.4（b）所示识别结果。

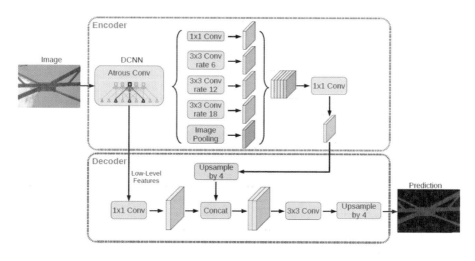

图5.5　输变电钢构件近景图像铁塔分割算法架构

2. 钢构件腐蚀区域匹配

腐蚀程度的定量分析对象是单个钢构件，因此，对于前序步骤得到的钢构件与腐蚀区域语义分割结果，需要采用图像腐蚀区域匹配方法，实现腐蚀部位与其钢构件的准确映射。以铁塔钢构件为例，具体方法为：结合Hough直线检测与MeanShift聚类方法，获取铁塔钢构件的单根钢构件，并采用像素点坐标阈值计算方法，得到腐蚀区域与单根钢构件的匹配结果，如图5.4（c）所示。

3. 腐蚀分级评估

根据得到的单个钢构件图像与已腐蚀部位的图像分割结果，可利用统计像素的方法计算钢构件的腐蚀程度，并依据腐蚀力学断裂模型标准谱图分级方案，给出钢构件的分级评估结果，如图5.4（d）所示。

5.1.4 局部检测模式

局部检测模式主要是针对标准谱图与无背景腐蚀图像的腐蚀定量分析。标准腐蚀谱图，即各大标准中采用的腐蚀程度标准图像，包括《输电线路钢结构腐蚀安全评估导则》（DL/T 2055—2019）、《金属基体上金属和其他无机覆盖层经腐蚀试验后的试样和试件的评级》（GB/T 6461—2002）、《涂漆钢表面锈蚀程度评价的标准操作规程》（ASTM D610–08），其中的示例图像如图5.6所示。

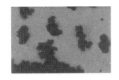

（a）DL/T 2055—2019 标准　　（b）GB/T 6461—2002 标准　　（c）ASTM D610-08 标准

图5.6　各大标准中的示例图像

基于阈值法与轮廓提取算法，本项目已完成上述三种腐蚀标准示例图像的腐蚀程度识别建模以及腐蚀类别识别（均匀腐蚀或局部腐蚀），识别结果如图5.7所示。

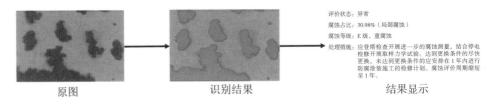

评价状态：异常

腐蚀占比：30.98%（局部腐蚀）

腐蚀等级：E 级，重腐蚀

处理措施：应登塔检查开展进一步的腐蚀测量，结合停电检修开展取样力学试验。达到更换条件的尽快更换，未达到更换条件的应安排在 1 年内进行防腐涂装施工的检修计划。腐蚀评价周期缩短至 1 年。

原图　　　　　　识别结果　　　　　　　　　结果显示

图5.7　标准腐蚀谱图识别结果展示

5.2 建立输电钢构件腐蚀断裂力学模型

本项目的塔架力学模型以ZM2-24输电线路塔架为研究对象，ZM2-24塔架校核计算过程所引用的资料、标准如表5.1所示。

表5.1　计算中所引用的资料、标准

序号	类型	文件名	说明
1	几何	ZM2-24_20210629.stp	ZM2-24塔架三维模型
2	材料	Q235钢.pdf	材料属性
3	计算标准	GB/T 700-988	国家标准
4	技术协议	技术协议	—

5.2.1 建立输电线路塔架模型

输电线路塔架基本由梁单元建立，建立完成的塔架模型如图5.8所示。

该模型为桁架结构，基本使用梁单元建模而成；模型吊装电线台座采用T型截面，其余均采用L型截面；模型底部支座采用全约束；吊装电线、顶部金具等非结构附件忽略。

图5.8　输电线路塔架模型

ZM2-24输电线路塔架采用Q235钢以及Q345钢建造而成，具有耐用性和在各种环境下都能稳定工作的特点，其材料参数如表5.2所示。

表5.2　材料参数

类型	E/GPa	ν	$\rho/(kg/m^3)$
Q235钢	201	0.3	7850
Q345钢	201	0.3	7850

1. 塔架模型截面分布

根据输电线路塔架实际情况，将截面分布简化为20个截面，截面图形如图5.9所示，其中截面的尺寸如表5.3所示。

图5.9　L型截面尺寸图

表5.3　塔架截面尺寸数据表

截面编号	L型1号截面	L型2号截面	L型3号截面	L型4号截面	L型5号截面
截面尺寸	$w_1=0.04$ $w_2=0.04$ $t_1=0.003$ $t_2=0.003$	$w_1=0.2$ $w_2=0.1$ $t_1=0.01$ $t_2=0.02$	$w_1=0.045$ $w_2=0.045$ $t_1=0.003$ $t_2=0.003$	$w_1=0.045$ $w_2=0.045$ $t_1=0.004$ $t_2=0.004$	$w_1=0.045$ $w_2=0.045$ $t_1=0.003$ $t_2=0.003$

续表

截面编号	L型1号截面	L型2号截面	L型3号截面	L型4号截面	L型5号截面
截面尺寸	$w_1=0.056$ $w_2=0.056$ $t_1=0.004$ $t_2=0.004$	$w_1=0.056$ $w_2=0.056$ $t_1=0.005$ $t_2=0.005$	$w_1=0.063$ $w_2=0.063$ $t_1=0.005$ $t_2=0.005$	$w_1=0.07$ $w_2=0.07$ $t_1=0.005$ $t_2=0.005$	$w_1=0.07$ $w_2=0.07$ $t_1=0.006$ $t_2=0.006$
截面编号	L型15号截面	L型16号截面	L型17号截面	L型19号截面	L型20号截面
截面尺寸	$w_1=0.075$ $w_2=0.075$ $t_1=0.005$ $t_2=0.005$	$w_1=0.075$ $w_2=0.075$ $t_1=0.006$ $t_2=0.006$	$w_1=0.08$ $w_2=0.08$ $t_1=0.006$ $t_2=0.006$	$w_1=0.09$ $w_2=0.09$ $t_1=0.006$ $t_2=0.006$	$w_1=0.09$ $w_2=0.09$ $t_1=0.007$ $t_2=0.007$
截面编号	L型23号截面	L型26号截面	L型28号截面	L型48号截面	L型53号截面
截面尺寸	$w_1=0.1$ $w_2=0.1$ $t_1=0.008$ $t_2=0.008$	$w_1=0.11$ $w_2=0.11$ $t_1=0.008$ $t_2=0.008$	$w_1=0.125$ $w_2=0.125$ $t_1=0.008$ $t_2=0.008$	$w_1=0.15$ $w_2=0.075$ $t_1=0.006$ $t_2=0.012$	$w_1=0.2$ $w_2=0.1$ $t_1=0.01$ $t_2=0.02$

2. 位移边界条件

根据实际情况，正常情况下的输电线路塔架位移约束为：4个底端支座全约束，如图5.10所示。

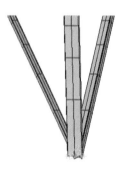

图5.10 底端支座全约束

5.2.2 塔架在不同工况下的结构校核

1. 初始自重及受拉工况计算结果

在无任何外界载荷只有铁塔自重的情况下对铁塔所受应力进行初始计算，结果为15.60 MPa，发生在下部位置。自重工况下最大位移为1.41 mm，发生在下部位置。

在无任何外在载荷的情况下，铁塔除了受自身重力，还会受到输电线的拉力作用。自重及拉力作用下的铁塔位移分析结果如图5.11~图5.14所示。

在自重及受拉工况下，铁塔的最大位移发生在下部，最大位移为14.1mm。

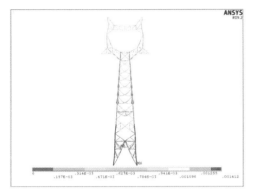

图5.11　自重计算结果　　　　　图5.12　自重位移计算结果

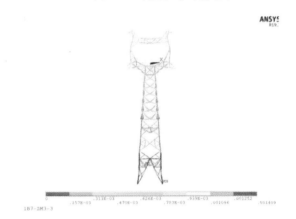

图5.13　拉力加载图　　　　图5.14　自重及拉力作用下的铁塔位移分析

2. 冰载工况下的结构校核

在考虑自重的前提下，对铁塔添加覆冰厚度为20~80 mm条件下进行力学特性分析，非圆截面杆件单位表面积上覆冰荷载的计算公式：

$$q = 0.6\alpha_2\gamma h \tag{5-1}$$

其中：

q为杆件单位面积上的覆冰载荷，单位为N/m²；

α_2为覆冰厚度的递增系数，如表5.4所示；

表5.4　覆冰厚度递增系数

离地高度/cm	10	50	100	150	200
α_2	1.0	1.6	2.0	2.2	2.4

γ为覆冰重度(一般雨凇取9 kN/m^3，混合凇取6 kN/m^3，雾凇取3 kN/m^3)；

h为杆件覆冰厚度，单位为mm。

常见的覆冰重度为雨凇γ=9000 N/m^3，现选取覆冰厚度为20mm的工况，计算出铁塔杆件在不同高度下的载荷分布情况，如表5.5所示。

表5.5　铁塔杆件覆冰载荷分布

段号	高度/m	α_2	$q/(\text{N/m}^2)$	Fi/N
1	3	1.00	108.00	2611.42
2	6	1.00	108.00	2341.92
3	9	1.00	108.00	1948.65
4	12	1.03	111.24	1972.66
5	15	1.10	118.80	1731.74
6	18	1.12	120.96	1700.66
7	21	1.17	126.36	3471.47
8	24	1.21	130.68	3362.27
9	27	1.24	135.04	2671.70
10	30	1.27	137.16	1281.34

本文均采用等效节点力的方法添加载荷并计算。加载模型如图5.15所示。

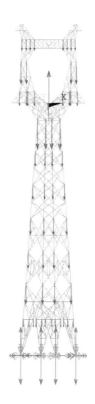

图5.15　铁塔加覆冰载荷模型

由计算结果可知，随着覆冰厚度的增加，铁塔承受的最大应力急剧增加并威胁到塔架的结构安全，容易出现塔架结构破坏导致塔架倒塌等事故发生。

3. 风载工况下的结构校核

在考虑输电塔自身重量的前提下，为了研究其在风速范围为15～30 m/s条件下的力学特性，本文模拟了输电线路杆塔各个部件与风速之间的关系。为确保模拟的准确性，选取了风向与杆塔主方向垂直的方位进行分析，以便更恰当地反映杆塔在风载荷作用下的力学特性，采用如下公式计算：

$$w_s = \beta_z \mu_{sc} \mu_z \mu_r W_0 \tag{5-2}$$

其中：

W_0为基本风压，单位为kN/m²；

μ_r为重现期调整系数，一般高耸结构可采用1.1，重要的结构采用1.2；

μ_z为风压高度变化系数，见表5.6；

μ_{sc}为风载荷体型系数〔其中型钢为1.3，其他由型钢组成的塔架为

$1.3(1+\eta)$]；

β_z为铁塔风载荷调整系数，如表5.7所示；

表5.6　风压高度变化系数

离地面高度/m	5	10	15	20	30	40
μ_z	1.00	1.00	1.14	1.25	1.42	1.67

表5.7　铁塔风载荷调整系数

铁塔全高/m	20	30	40	50	60
自立式铁塔	1.00	1.25	1.35	1.50	1.60
单柱拉线塔	1.00	1.40	1.60	1.70	1.80

根据公式（5-2）得出铁塔不同高度下的杆件，在风速度为15 m/s的工况下，铁塔承受的风载荷分布情况，如表5.8所示，加载模型如图5.16所示。

表5.8　铁塔杆件风载荷分布

段号	高度/m	β_z	μ_{sc}	μ_z	μ_r	$W_s/(\mathrm{N/m^2})$	F_i/N
1	3	1.113	1.30	1.00	1.1	223.4	310
2	6	1.113	1.30	1.00	1.1	223.4	396
3	9	1.113	1.30	1.00	1.1	223.4	320
4	12	1.113	1.30	1.06	1.1	236.9	323
5	15	1.113	1.30	1.14	1.1	254.9	346
6	18	1.113	1.30	1.21	1.1	270.5	352
7	21	1.113	1.30	1.27	1.1	284.2	130
8	24	1.113	1.30	1.32	1.1	295.4	134
9	27	1.113	1.30	1.37	1.1	306.1	76
10	30	1.113	1.30	1.41	1.1	315.0	79

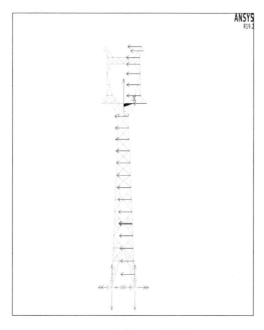

图5.16 铁塔加风载荷模型

4. 耦合工况下的结构校核

在自重工况下，铁塔承受的最大应力发生在铁塔下端高度4.5 m左右的横杆上，其最大应力为15.6 MPa。对最大应力所在截面的梁分别建立轻度、中度、重度三种截面的腐蚀厚度百分比进行有限元受力分析，采用前面章节建立的模型，计算结果如表5.9、表5.10所示。

表5.9 自重工况下锈蚀铁塔有限元应力分析

工况	工况序号	最大应力/MPa	应力云图
自重腐蚀	1	16.5	最大应力处

工况	工况序号	最大应力/MPa	应力云图
自重腐蚀	2	17.8	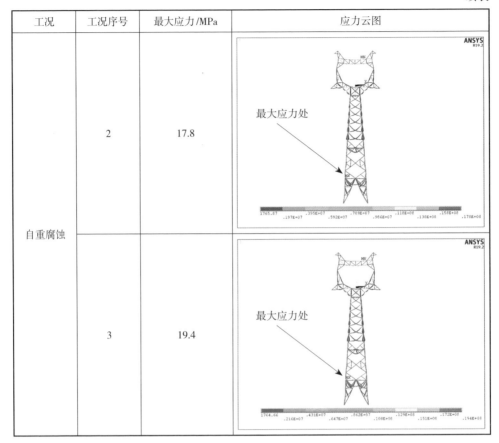
	3	19.4	

表5.10　自重工况下锈蚀铁塔有限元应力分析结果

工况序号	腐蚀厚度比	最大应力/MPa	最大应力增大
1	16.7%	16.5	5.8%
2	33.4%	17.8	14.1%
3	50%	19.4	24.3%

　　由计算结果可知，在自重工况下，随着腐蚀厚度的增加，铁塔承受的最大应力逐渐增加，但增加的幅度较小，对塔架的结构安全产生影响相对较小。

　　在不同厚度覆冰工况下，铁塔承受的最大应力都发生在下端。其中，覆冰厚度为20 mm时，最大危险点在铁塔高度4.5 m处的横杆上，其承受的最大应力为15.7 MPa。覆冰厚度为40 mm、80 mm时，最大危险点在铁塔底端粗杆约束处，其承受的最大应力分别为16.5 MPa、25.9 MPa。

第六章 镀锌钢构件腐蚀预测评估及防腐策略

输电网线路各部件的腐蚀与损耗较为广泛，且很难进行全天候管理，这严重威胁了输电设施的运行安全，严重时甚至会造成人员伤亡。随着未来主网由"大建设期"转为"长服役期"，提升镀锌钢构件等设备耐久性将成为电网运维的关键问题。目前电网的防腐运维还在采用人工巡检、巡线机器人巡检、输电塔上的可视化监控和直升机巡检这四大技术手段，巡检技术整体较为落后。大数据挖掘应用、趋势性预判、智能化水平仍亟须提升。如随着无人机、机器人等智能巡检方式的发展，对海量图像的快速预判技术亟待突破；为改变粗放型防腐运维方式，应建立基于数据挖掘的设备腐蚀进程预测模型，掌握设备寿命曲线，并开展以全寿命周期内防腐投入最小化为原则的钢结构防腐策略分析，明确最佳防腐干预时机，力图降低综合防腐运维成本。参考发达国家的电网发展历程，判断未来我国逾龄服役的铁塔等钢结构也将大量出现，对其进行状态评价，并进行剩余寿命预测，从而掌握该类资产的剩余价值及制订合理化利用方案，具有必要性及前瞻性。

6.1 电网镀锌钢构件多参数腐蚀进程建模研究

6.1.1 电网镀锌钢构件腐蚀参数采集系统设计研究

基于物联网技术的腐蚀大数据联网观测系统设计需要明确系统架构，本系统总体包含传感器子系统、数据采集子系统、数据传输子系统、数据库子系统、数据处理与控制子系统以及安全评价预警子系统（图6.1）。系统主要由硬件系统、软件系统、应用层及控制中心构成。从技术上实现前端传感器获取的材料腐蚀速率及环境数据的采集及传输，并存储至数据库，通过软件处理及数据算法，实现数据的可视化及安全评价。

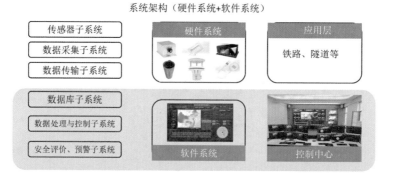

图6.1 基于物联网技术的腐蚀大数据联网观测系统架构

系统的业务逻辑设计分为采集、传输、处理及应用部分（图6.2）。采集层对各个监测项进行实时监测，传输层将数据发送至服务器（云端或本地），云平台对数据进行存储、处理及解析，最终将监测结果、预警信息等发送至客户端或网页端，进行深度应用。

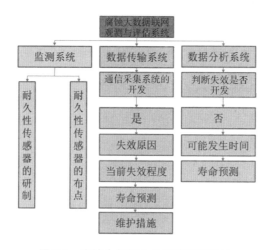

图6.2 腐蚀大数据业务系统逻辑设计

6.1.2 电网镀锌钢腐蚀传感器及环境腐蚀性因子监测传感器开发

图6.3为腐蚀传感器原理图，本监测采用电阻探针及电偶探针监测技术，实现腐蚀速率的在线监测及累计腐蚀减薄量的在线监测。

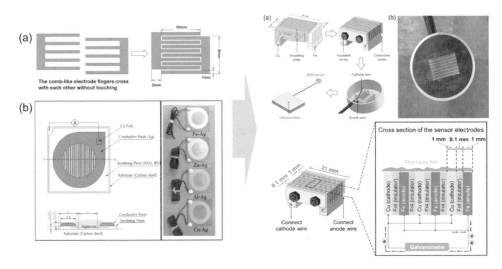

图6.3　腐蚀电偶传感器技术原理

对于电阻探针，假设室温时电阻率为ρ（Ω/m），电阻在未损耗前，采样电阻长度为L_1（mm），截面为边长d_1（mm）的正方形；温度补偿长度为L_2（mm），截面为边长d_2（mm）的正方形。此时采样电阻的阻值为R_1（Ω），温度补偿电阻的阻值为R_2（Ω）。则有：

$$R_1=1000\rho L_1/d_1^2$$
$$R_2=1000\rho L_2/d_2^2$$

设定一个误差参数k_0，值为测试前测量的温度补偿电阻的阻值与采样电阻的阻值之比，用于消除加工误差对最终计算的影响：

$$k_0=R_2/R_1=\frac{L_2d_1^2}{L_1d_2^2}$$

装置投放使用后，温度补偿电阻被封装，其阻值仅根据温度变化而变化，采样电阻因为损耗导致截面边长变小，阻值升高。

假设装置使用t天后，温度为T（℃），电阻率为ρ'（Ω/m），认为采样电阻长度不变，仍为L_1（mm），截面边长变为d_1'（mm）的正方形；认为温度补偿电阻长度和截面不变，仍为L_2（mm）和边长d_2（mm）的正方形。此时数据采集组件采集到的采样电阻的阻值为R_1'（Ω），温度补偿电阻的阻值为R_2'（Ω），则有：

$$R_1'=1000\rho'L_1/d_1'^2$$
$$R_2'=1000\rho'L_2/d_2^2$$

设定一个值k，为测量得到的温度补偿电阻的阻值与采样电阻的阻值之比，用于消除温度对采样电阻阻值的影响：

$$k_0=R_2/R_1=\frac{L_1d_1^{\,2}}{L_1d_2^{\,2}}$$

代入误差参数k_0有：

$$k=k_0\frac{d_1'^{\,2}}{d_1^{\,2}}$$

得到采样电阻腐蚀损耗后的截面尺寸：

$$d_1'=d_1\sqrt{k/k_0}$$

则采样电阻因为损耗引起的截面损失$\triangle d$（mm）为：

$$\Delta d=d_1-d_1'$$
$$=d_1(1-\sqrt{k/k_0})$$

对于电偶探针，当传感器表面形成一层横跨绝缘板的薄液膜或是一个足够大的液滴时，阴极和阳极之间就会导通形成回路，且由于阴极金属和阳极金属的电位不同，能够激发出电偶腐蚀电流。由于阴极和阳极通过绝缘板隔离，使得该回路内电流不得不通过微电流计，因而使得电偶电流的大小能够被实时监测和记录，从而达到大气腐蚀监测的目的。

图6.4左为环境腐蚀性因子监测传感器的示意图，一个传感器可以监测1~3个腐蚀性环境因子在大气中的含量，现可以监测的腐蚀性因子种类有氯化氢、二氧化氮、雨量、氨气、硫化氢、二氧化硫、臭氧、紫外线、氧气、二氧化碳、粉尘（PM2.5/PM10）、光照时长、太阳总辐射、凝露、环境温湿度、大气压力、光照量、风速风向、土壤温湿度和pH电导率等。在使用前可以根据需要监测的指标配置相应的环境腐蚀性因子监测传感器，配合太阳能板以及配电箱等将所有装置架设在户外（图6.4右），进行实时的环境腐蚀性因子监测。

所有传感器均有5年以上的使用寿命（ISA–71.04–1985: G2等级）。

图6.4　环境腐蚀性因子监测传感器示意图（左）及现场装配示意图（右）

6.1.3 电网镀锌钢腐蚀数据及环境因素数据采集硬件技术研究

　　腐蚀传感器及环境腐蚀性因子监测传感器各自使用了不同的数据采集硬件，其示意图如图6.5所示。所有的硬件采集器设计参数如表6.1所示，其逻辑结构如图6.6所示。前端传感器的电阻及电偶值通过电压放大、I/V转换及量程处理，腐蚀性因子相关监测数据通过消噪滤波后，通过数模转换，将模拟信号转换为数字信号，最后通过存储单元存储，并由无线通信网络传输至云数据中心。

图6.5　腐蚀数据采集器（左）及环境腐蚀性因子监测数据采集器（右）示意图

表6.1　硬件采集器技术参数

技术参数	测试范围及精度
腐蚀数据采集器技术参数	
电流	电流≤120 nA时，灵敏度 ±（1%+50 pA） 电流在120 nA~12μA时，灵敏度 ±（0.7%+1 nA） 电流≥12μA时，灵敏度 ±（0.5%+10 nA）
电阻	量程0.1mΩ~10Ω 灵敏度 ±0.1μΩ
腐蚀减薄分辨率	0.1μm
环境腐蚀性因子监测数据采集器技术参数（部分）	
相对湿度	湿度≤10%或≥90%RH时，灵敏度 ±5%RH 湿度范围10%~90%RH时，灵敏度 ±3%RH
温度	温度范围–40℃ ~ 0℃（含-40℃和0℃），灵敏度 ±1.5℃ 温度范围0℃ ~ 45℃（不含0℃和45℃），灵敏度 ±1℃ 温度范围45℃ ~ 70℃（含45℃和70℃），灵敏度 ±1.5℃
氯化氢	1．量程 0~50 ppm 2．灵敏度 0.3 ± 0.1uA/ppm 3．分辨率 1 ppm 4．检测原理 电化学 5．使用温度 0℃~50℃ 6．使用湿度 0%~90%RH 7．材质 ABS 8．检测窗口 防水透气膜
雨量	1．量程 0~20 mm/min 2．灵敏度 0.5 ms 3．分辨率 0.1 mm 4．检测原理 光学散射 5．使用温度 –30℃ ~50℃ 6．使用湿度 0%~99%RH 7．材质 ABS 8．检测窗口 4.5 cm
风速	1．风速量程0~30 m/s 2．测量精度 ±1 m/s 3．响应时间 <5 s 4．运行温度 –30℃ ~80℃ 5．最大启动风力 0.4 m/s 6．材质 铝合金+聚碳酸酯

续表

技术参数	测试范围及精度
风向	1．测量方位 8 个 2．方位角差 22.5° 3．运行温度 –20℃ ~60℃ 4．动态响应时间 0.5s 5．材质 铝合金 + 聚碳酸酯
二氧化硫	1．量程 0~20 ppm 2．灵敏度 0.4 ± 0.1uA/ppm 3．分辨率 0.1 ppm 4．检测原理 电化学 5．使用温度 0℃ ~50℃ 6．使用湿度 0%~90%RH 7．材质 ABS 8．检测窗口 防水透气膜
二氧化氮	1．量程 0~20 ppm 2．灵敏度 0.6 ± 0.25uA/ppm 3．分辨率 0.1 ppm 4．检测原理 电化学 5．使用温度 0℃ ~50℃ 6．使用湿度 0%~90%RH 7．材质 ABS 8．检测窗口 防水透气膜
粉尘（PM2.5/PM10）	1．量程 0~500 ug/m^3 2．精度 10% 3．分辨率 0.3 μm 4．检测原理 激光散射 5．使用温度 –10℃ ~60℃ 6．使用湿度 0%~90%RH 7．材质 金属
采集器通用参数	
GPS/BD定位、授时	1．GPS 信道 1575.42 M 2．BD 信道 1561.098 M 3．定位精度 2.5 m CEP 4．冷启动时间 <29s 5．使用温度 –40℃ ~85℃
4G 网络通信	1．支持移动、电信、联通物联网卡 2．网络制式 4G LET 3．网络频段 cat1

技术参数	测试范围及精度
数据集中器	1. 传感器接口 2. 电源管理系统 3. 数据采集 4. 数据处理 5. 离线存储 6. 后台交互 7. 业务逻辑 8. 外设检测 9. 防水铝合金外壳（IP66）
采集频率	1min/次（可自行调整）
防护等级	IP67

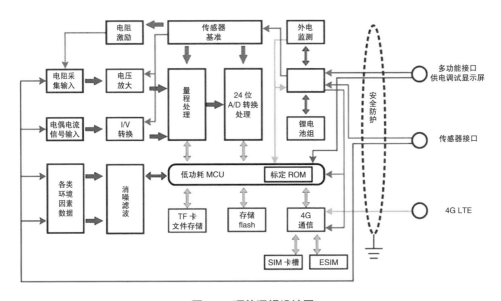

图6.6　硬件逻辑设计图

6.1.4 镀锌钢腐蚀监测物联网通信协议及数据库技术研究

结合电网镀锌钢设施装备腐蚀监测的特殊需求及数据传输特性，研究适用于高并发、多进程、多线程的物联网大数据通信协议。通信协议主要包括传感器与数据采集器之间的近程网络通信、数据采集器与互联网的远程网络通信，如图

6.7所示。针对一个电网站点内需要布置多种材料类型的传感器，传感器与采集器之间采用低功耗局域网无线通信技术，通信传输技术需要考虑电网镀锌钢装备地理位置偏远等特殊情况，并针对同一地点可满足多种典型材料数据采集及传输需求。考虑采集器与互联网之间为远距离通信，本项目将利用Java Socket开发出基于2 G/4 G无线通信技术的数据传输长连接通信协议，协议支持TCP/IP交互，同时支持多设备高并发数据传输及存储。

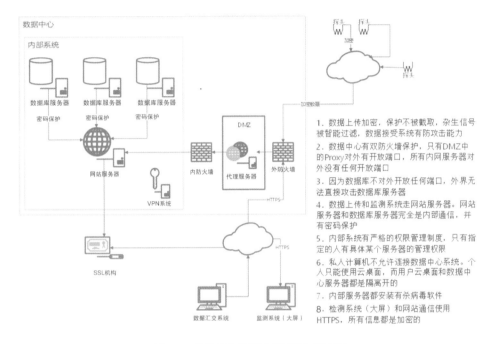

图6.7　数据联网通信系统架构示意图

6.1.5 基于机器学习的电网镀锌钢多参数数据建模研究

镀锌钢大气腐蚀是随时间变化的动态过程，这一过程通常被划分为腐蚀前期、中期及后期，随着时间的推进，不同阶段的腐蚀速率、腐蚀机理和影响因素各不相同。时间这一维度对于理解和预测腐蚀至关重要，通过研究腐蚀速率随时间的变化，可以了解不同阶段腐蚀速率的变化趋势，从而制定更有效的防护策略。时间对腐蚀的重要性也体现在腐蚀实时监测和预警上，通过时间序列腐蚀分析，可以及时发现腐蚀问题，评估其对钢结构性能的影响，并采取对应的修复或更换措施。

时间序列预测模型的工作原理是通过分析历史数据中的模式和趋势，预测未来某个时间点或一段时间内的数据。时间序列预测模型可以帮助发现数据中的规律，例如：周期性、趋势性和季节性。通过对预测值和实际值之间的差异进行分析，时间序列预测还可以用作异常检测。时间序列预测模型可以用于识别潜在的异常事件。

本章通过时间序列预测算法，使用浙江杭州、宁波、衢州及嘉兴4个110kV变电站镀锌钢试验站点腐蚀数据，通过获取腐蚀时间序列数据、环境（相对湿度、温度、二氧化硫、二氧化氮、颗粒污染物、一氧化碳等）时间序列数据及气象（风速、降水、露点温度、紫外线指数等）时间序列数据，通过LSTM及Transformer时间序列预测模型建立海洋大气环境镀锌钢腐蚀相对电流强度时间序列预测模型，并且分别对4处地点的腐蚀相对电流强度进行预测。

1. 数据预处理及特征筛选

（1）数据预处理。

本章使用的腐蚀数据来源于户外投放的腐蚀大数据镀锌钢电偶传感器以及国家材料腐蚀与防护科学数据中心，腐蚀数据包括腐蚀相对电流强度、温度及相对湿度；环境数据及污染物数据来源于中国环境监测总站的全国城市空气质量实时发布平台，包括二氧化硫、二氧化氮、一氧化碳、臭氧、空气质量指数（AQI）、PM2.5及PM10；气象数据来源于World Weather Online，包括风速、风向、天气状况指数、降水、气压、凝露温度、热指数、紫外线指数、风寒温度、白天与否及阵风速率。腐蚀数据来自浙江杭州、宁波、衢州及嘉兴4处典型大气环境，采集频率为每分钟一条，环境、污染物及气象数据频率为每小时一条。

将采集的腐蚀数据按小时作平均值，再将平均值与环境、污染物及气象数据通过时间关联起来，从而得到31970个样本的数据集，每个样本的结构由14维特征变量组成。由于各特征变量的值相差较大，并且特征变量与腐蚀相对电流强度的数量级相差超过105。因此，在构建时间序列预测模型之前，先对所有特征变量进行标准化，对腐蚀相对电流强度作对数处理，并将数据集按照时间序列顺序以4：1的比例划分训练集和测试集。

（2）平稳性检验。

平稳性检验是时间序列分析中的一种方法，用于检查时间序列数据是否具有恒定的统计特性，例如均值、方差和自相关。许多时间序列模型，尤其是传统的线性模型（如ARIMA），数据的平稳性是满足假设的前提条件。虽然LSTM以及Transformer作为神经网络模型在处理非线性和非平稳数据方面有优势，但数据的平稳性仍然可能影响模型的性能，并且二者对于非平稳数据，可能在捕捉到趋势性和季节性模式方面表现不佳，因此在构建时间序列预测模型之前，对数据进行平稳性分析是非常必要的。平稳性分析更容易捕捉到数据中的模式，选择合适的模型和评估指标，从而提高模型的性能。

ADF（Augmented Dickey Fuller）检验和PP（Phillips Perron）检验都是单位根检验方法，可以对时间序列数据的平稳性进行检测。这两种检验方法的原假设都是时间序列数据是非平稳的，备择假设是时间序列数据是平稳的。在ADF检验和PP检验中，都会得到一个检验统计量，而临界值是在1%、5%和10%的显著性水平下的阈值。如果检验统计量小于选择的显著性水平下的临界值，那么可以拒绝原假设，认为时间序列数据是平稳的。

表6.2和表6.3为预处理后腐蚀相对电流强度时间序列数据的ADF检验及PP检验结果，可以看出这两种检验结果的检验统计量的值都小于10%、5%及1%置信区间的临界值，说明经过预处理后的腐蚀相对电流强度时间序列数据是较为平稳的。

表6.2　腐蚀相对电流强度的ADF检验结果

检验统计量		−5.93
置信区间的临界值	1%	−3.43
	5%	−2.86
	10%	−2.57

表6.3　腐蚀相对电流强度的PP检验结果

检验统计量		−8.75
置信区间的临界值	1%	−3.43
	5%	−2.86
	10%	−2.57

（3）关键特征筛选。

为了比较每个特征变量对腐蚀电流影响的重要性，以除腐蚀电流数据外其他参数作为输入，腐蚀相对电流强度数据作为输出，建立随机森林模型，结果如图6.8所示。从重要性排序中可以看出，紫外线强度及降水量对腐蚀电流的影响较低，因此将这两个特征变量在后续的研究中剔除。温度是腐蚀电流最重要的影响因子，其次是相对湿度，这与大气腐蚀机理相吻合，温度与相对湿度是影响大气腐蚀的两个最主要的因素，当大气中相对湿度达到临界点，致使金属材料表面形成水膜，促进电化学反应的进行，加快腐蚀速率。而温度对大气腐蚀的影响在一定程度上取决于相对湿度的影响，当相对湿度高于一定值时，温度对腐蚀的影响很大。由于本研究考虑的环境为海洋大气环境，相对湿度维持在一个较高的值，因此温度对腐蚀影响较大。再就是风速风向，室外腐蚀大数据镀锌钢电偶传感器的投放依据T/CSCP 0009—2017投样标准，试样表面朝南，试样表面与地平面呈45°，风向影响腐蚀速率的原因可能是，在受污染海洋大气环境中，风向会影响污染物的传播，从而影响腐蚀速率。海洋大气环境下，大气湿度相对较高，风速对金属材料表面干湿交替的频率有显著的影响，进而对腐蚀速率造成较大影响。最后是二氧化硫、二氧化氮及一氧化碳等大气污染物，二氧化硫会与空气中的水蒸气和氧气反应生成硫酸或硫酸盐，这些物质可能会降低大气中的pH。根据上一章的研究结果得知，硫含量的增加与pH的降低都会导致镀锌钢腐蚀速率的加快，其他大气污染物的作用可能与二氧化硫类似。

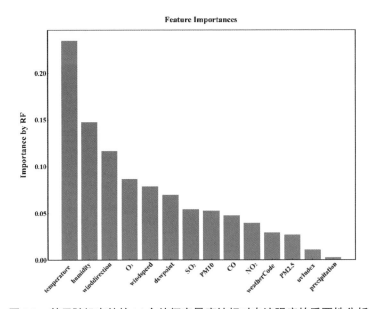

图6.8　基于随机森林的14个特征变量腐蚀相对电流强度的重要性分析

另外，将镀锌钢服役年限以及应力大小和应力水平状态作为输入项加入，综合考虑环境因素、力学特性等对镀锌钢腐蚀行为的影响。

2. 镀锌钢大气腐蚀时间序列预测模型评估

（1）模型选择。

长短时记忆网络（Long Short Term Memory，LSTM），是一种特殊的循环神经网络，通过引入"门"结构解决了传统循环神经网络在学习长期依赖时梯度消失的问题。LSTM包括输入门i_t、遗忘门f_t和输出门O_t，以及两个记忆：长记忆和短记忆，通过这些门来控制信息在时间序列中的传递和遗忘。

输入门决定将哪些新信息添加到细胞状态中。它包含两个部分：一个sigmoid函数来决定更新的程度，一个tanh函数来计算新的候选细胞状态。

$$i_t = \sigma(W_i \cdot [h_{t-1}, x_t] + b_i) \tag{6-1}$$

$$\widetilde{C}_t = \tanh(W_C \cdot [h_{t-1}, x_t] + b_C) \tag{6-2}$$

其中，i_t是输入门的sigmoid输出，W_i是输入门权重矩阵，b_i是输入门偏置项。$\widetilde{C}_t$是候选细胞状态，W_C是候选值权重矩阵，b_C是候选细胞状态的偏置项。

遗忘门决定了哪些信息需要从细胞状态中遗忘，通过sigmoid函数来实现。

$$f_t = \sigma(W_f \cdot [h_{t-1}, x_t] + b_f) \tag{6-3}$$

f_t是遗忘门输出，σ是sigmoid函数，W_f是遗忘门权重矩阵，h_{t-1}是上一时间步的隐藏状态，x_t是当前时间步的输入，b_f是遗忘门偏置项。

输出门控制如何基于当前细胞状态生成当前时间步的隐藏状态（短记忆）。它使用一个sigmoid函数来确定哪些信息将输出，并使用一个tanh函数来缩放细胞状态。

$$O_t = \sigma(W_O \cdot [h_{t-1}, x_t] + b_O) \tag{6-4}$$

$$h_t = O_t \cdot \tanh(C_t) \tag{6-5}$$

细胞状态是LSTM中的长记忆，它通过遗忘门和输入门的输出进行更新。细胞状态的公式如下：

$$C_t = f_t \cdot C_{t-1} + i_t \cdot \widetilde{C}_t \tag{6-6}$$

其中C_t是当前时间步的细胞状态，C_{t-1}则是上一个时间步的细胞状态。

LSTM模型的一个关键优势是其能够学习和记住长期依赖关系，适用于多种任务，输入的多变量时间序列数据首先会按照时间步骤进行截取。通过在神经网络结构中引入门控机制，LSTM能够自适应地确定在每个时间步中哪些信息需要保留、遗忘或更新。在训练过程中，LSTM使用损失函数来优化预测结果，通常使用预测值与真实值之间的误差来衡量损失函数。经过一定数量的迭代，LSTM模型逐渐适应输入数据的时序特征，并进行预测。

图6.9为本研究所使用的LSTM多变量时间序列预测模型的工作流程示意图，包括一个输入层、两个LSTM层、一个全连接层和一个输出层。其中输入层用于接收多变量时间序列数据，LSTM层可以包含一个或多个LSTM单元，每个单元负责捕获时间序列中的长期依赖关系。再将LSTM层的输出连接到全连接层，用于解码LSTM层捕获的信息。输出层作为最后一层输出预测的单变量时间序列值。

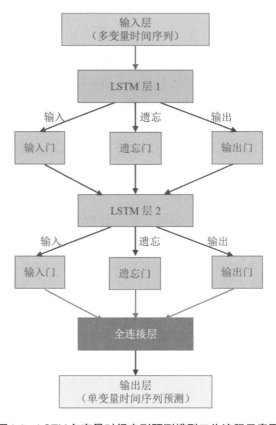

图6.9　LSTM多变量时间序列预测模型工作流程示意图

Transformer模型是Vaswani等人在2017年提出的一种新型深度学习模型，相比于LSTM，Transformer完全摒弃了循环结构，采用自注意力（Self-Attention）机制。通过编码器（Encoder）-解码器（Decoder）的结构来处理输入和生成输出。图6.10为本研究所使用的Transformer多变量时间序列预测模型的工作流程示意图。

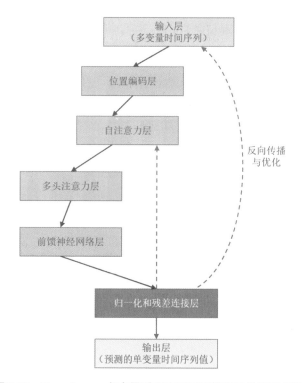

图6.10　Transformer多变量时间序列预测模型工作流程示意图

Transformer多变量时间序列预测模型包括输入层、位置编码层、自注意力层、前馈神经网络层、归一化和残差连接层以及输出层。输入层用于接收多变量时间序列数据。位置编码层为输入的每个时间步添加位置编码，以便模型能够理解时间顺序。位置编码可以是正弦和余弦函数的组合，或者用其他方法来表示不同时间步之间的相对位置关系。自注意力层则使用自注意力机制来计算输入序列中每个元素与其他元素之间的关系。自注意力机制通过计算每个元素对其他元素的权重来捕捉序列中的全局依赖关系，并使用权重与原始输入序列相乘，生成一个新的序列。前馈神经网络层对自注意力层的输出进行进一步转换，再由归一化和残差连接层，对自注意力层和前馈神经网络层的输出进行归一化处理并进行残差连接，以提高模型的性能。最后，输出层将最后一层的输出解码为预测的单变量时间序列值。

自注意力机制是Transformer模型的核心组件，它允许模型关注输入序列中的不同位置。自注意力机制的数学表示如下：

$$Attention(Q, K, V) = Softmax\left(\frac{QK^T}{\sqrt{d_k}}\right)V \tag{6-7}$$

查询矩阵（Query）、键矩阵（Key）和值矩阵（Value）分别为Q、K和V，它们是通过将输入向量与权重矩阵相乘而获得的。自注意力的计算过程可以分为以下步骤：首先计算Q和K的点积，得到权重矩阵；再对权重矩阵进行缩放；对缩放后的权重矩阵进行softmax处理，得到归一化的权重；最后将归一化权重与V相乘，得到自注意力输出。

多头注意力（Multi-Head Attention）旨在捕捉输入序列中不同部位的信息，并关注序列中不同位置之间的长距离依赖关系，通过同时学习多个注意力分布来实现，从而使模型能够关注输入中多个不同方位的信息。这个机制将Q、K和V分割成多个子矩阵，并在每个子矩阵上分别执行自注意力计算。最后，将所有head的输出拼接在一起并进行线性变换。多头注意力的公式表示为：

$$MultiHead(Q, K, V) = Concat(head_1, head_2, ..., head_n) \tag{6-8}$$

$$head_i = Attention(Q_i, K_i, V_i) \tag{6-9}$$

$$Q_i = QW_i^Q \tag{6-10}$$

$$K_i = KW_i^K \tag{6-11}$$

$$V_i = VW_i^V \tag{6-12}$$

其中$head_i$是指将注意力机制拆分成多个并行的子注意力模块，W_i^Q、W_i^K及W_i^V分别将Q，K，V投射到低维空间上，每个head都有自己的Q、K和V子向量，因此可以同时计算所有head的子注意力。这大大提高了计算效率，使得多头注意力机制在大规模序列数据上具有较高的可伸缩性。

Transformer模型中的Feed Forward网络（FFN）是全连接神经网络，包括两个线性层（全连接层）和一个非线性激活函数。FFN对每个位置的输入进行独立处理，没有共享权重。FFN的作用是从输入中提取特征。FFN的计算公式如下：

$$FFN(x) = max(0, xW_1 + b_1)W_2 + b_2 \tag{6-13}$$

其中x是输入，W_1和W_2是两个线性层的权重矩阵，b_1和b_2是两个线性层的偏置向量。

而LayerNorm是一种归一化技术，主要用于加速训练过程并提高模型的泛化能力。LayerNorm在Transformer模型的多头自注意力和FFN的输出之后被应用，LayerNorm对每个样本的所有特征进行归一化，使得特征具有相同的均值和方差。LayerNorm的计算公式如下：

$$LayerNorm(x) = \gamma \frac{x-\mu}{\sqrt{\sigma^2+\varepsilon}} + \beta \qquad （6-14）$$

x是输入，μ是输入的均值，σ^2是输入的方差，ε是一个很小的正数，用于防止除以零。γ和β是可学习的参数，用于调整归一化后的特征的尺度和平移。

（2）模型评估。

时间序列预测模型通常采用以下评估指标进行模型的性能评估。

均方误差（Mean Squared Error，MSE）是预测值与真实值平方差的平均值。MSE越小，表示预测结果越接近实际结果，模型性能越好。其计算公式为：

$$MSE = \frac{\sum_{i=1}^{n}(y_i-\hat{y}_i)^2}{n} \qquad （6-15）$$

均方根误差（Root Mean Squared Error，RMSE）是MSE的平方根，与MSE具有相似的性质，由于它是MSE的平方根，因此它与实际值和预测值在相同的量纲上，便于直观地评估误差大小。其计算公式为：

$$RMSE = \sqrt{MSE} \qquad （6-16）$$

平均绝对百分比误差（Mean Absolute Percentage Error，MAPE）用于评估预测模型的准确性，取值范围在$0 \sim +\infty$。$MAPE$越小，表示模型的预测准确性越高。其计算公式为：

$$MAPE = \frac{100\%}{n} \sum_{i=1}^{n} \left| \frac{\hat{y}_i-y_i}{y_i} \right| \qquad （6-17）$$

决定系数（R-squared，R^2）是预测值与真实值相关性的平方。R^2表示预测值解释了多少实际值的方差。R^2越接近1，表示预测结果越接近实际结果。其计算公式为：

$$R^2 = 1 - \frac{\sum_{i=1}^{n}(\hat{y}_i-y_i)^2}{\sum_{i=1}^{n}(\bar{y}_i-y_i)^2} \qquad （6-18）$$

批尺寸（Batch Size）和轮次（Epochs）为深度学习中两个十分重要的参数，Batch Size是指在一次迭代中所抓取的样本数量。较小的批尺寸可能导致梯度的更新更频繁，从而使模型训练得更快，但是较小的批量可能会导致模型在训练集上的收敛不稳定。较大的批量可以提高模型在训练集上的稳定性，但可能需要更多的内存，并且训练速度可能较慢。Epochs是指模型在整个训练数据集上进行的完整迭代次数，在每个Epochs中，模型将对所有数据进行一次完整的前向传播和反向传播。增加Epochs的数量可能使模型在训练集上的性能提高，但过多的Epochs可能导致过拟合。

本研究将通过对比不同轮次及不同批尺寸参数下LSTM和Transformer模型的

性能，确定最终用于大气腐蚀相对电流强度时间序列预测的最佳模型及参数。图6.11、图6.12为以杭州地区数据为例构建的LSTM与Transformer大气腐蚀相对电流强度时间序列预测模型，在不同Epochs及Batch Size参数下的性能模型评估结果。

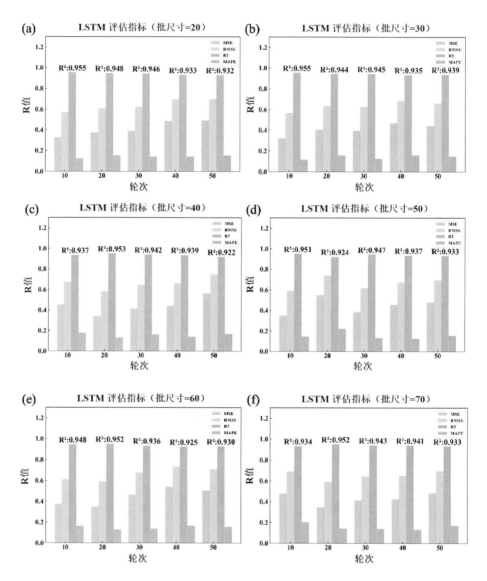

图6.11 不同轮次和批尺寸下的LSTM腐蚀相对电流强度时间序列预测模型的性能评估（杭州地区）

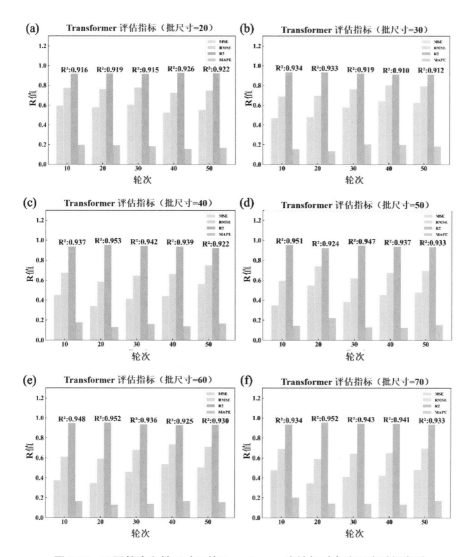

图6.12 不同轮次和批尺寸下的Transformer腐蚀相对电流强度时间序列
预测模型的性能评估（杭州地区）

从图中可以看出，在所有评估指标下，LSTM模型的性能均优于Transformer
模型，并且无论哪种模型，都出现随着轮次增加，性能有下降的趋势，这是由
于过多的轮次导致模型的过拟合。从图中可以确定LSTM时间序列预测模型的最
佳参数为：Epochs=10，Batch Size=30，此时模型的R^2达到0.955，$RMSE$为0.56，
$MAPE$为0.11。Transformer模型的最佳参数为：Epochs=10，Batch Size=50，模型
的R^2达到0.95，$RMSE$为0.60，$MAPE$为0.12。

（3）预测结果展示。

利用上述研究确定的两种模型的最佳参数，分别对浙江杭州、宁波、衢州及嘉兴4个地区的腐蚀相对电流强度时间序列数据进行预测。预测值与真实值的对比如图6.13、图6.14所示，可以看出，这两种模型的腐蚀相对电流强度预测值与真实值大多数都呈线性关系，但也出现了一定的离散性，可能是由于数据量不足导致模型预测效果仍然没有达到最优，或者是模型参数的选择不够精确。但在所有地区LSTM模型预测的精准度仍然优于Transfomer模型，LSTM模型在4个地点的预测结果的决定系数均大于0.8。这两种模型在浙江杭州、宁波、衢州地区的预测效果都相对较好，但在嘉兴地区的预测效果相对较差，推测可能是该地区采集的数据样本时间相对较短、数据量过少导致的模型精度降低。

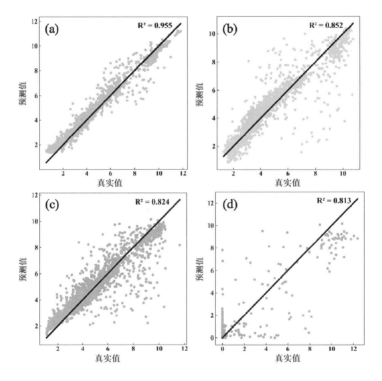

图6.13　不同大气环境LSTM腐蚀相对电流强度时间序列预测模型的真实值与预测值对比
(a) 杭州　(b) 宁波　(c) 衢州　(d) 嘉兴

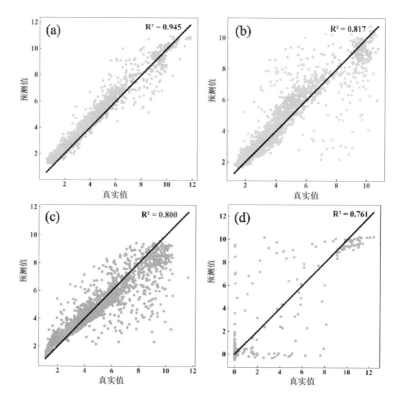

图6.14　不同大气环境Transformer腐蚀相对电流强度时间序列预测模型的真实值与
预测值对比

(a) 杭州　(b) 宁波　(c) 衢州　(d) 嘉兴

　　将按时间序列划分的测试集的真实数据及两种模型的预测数据进行绘图展示，如图6.15、图6.16所示。从图中可以看出，这两种模型的真实值与预测值的重合度大体上均较好，但是可以发现Transformer模型在预测的细节上仍然具有一定的偏差，而LSTM模型预测效果的细腻度则更高，并且各方面的评估指标LSTM均表现更优异。综上所述，表明本研究训练出来的LSTM时间序列预测模型，可以用来进行海洋大气环境腐蚀相对电流强度时间序列的预测，并且该模型的综合性能较好。

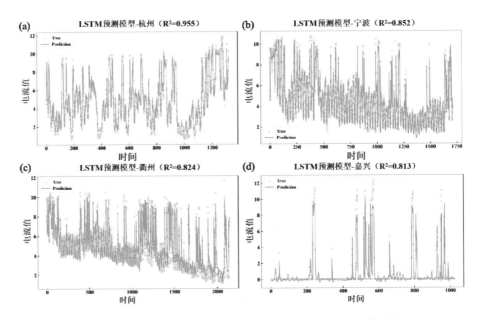

图6.15　不同大气环境LSTM腐蚀相对电流强度时间序列预测模型结果展示
(a) 杭州　(b) 宁波　(c) 衢州　(d) 嘉兴

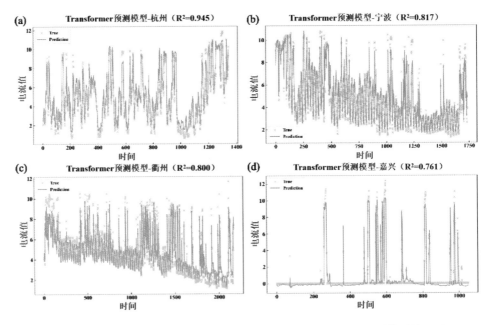

图6.16　不同大气环境Transformer腐蚀相对电流强度时间序列预测模型结果展示
(a) 杭州　(b) 宁波　(c) 衢州　(d) 嘉兴

6.2 镀锌钢三级防腐蚀管理体系研究

镀锌钢材料一般都在大气、土壤和水等环境介质或自然介质中使用。镀锌钢在与环境介质的交互作用过程中，可能因发生能量或物质交换而失效，如镀锌钢的腐蚀，高分子材料的老化等。镀锌钢材料适应性评估（Fitness-For-Service Technology，FFS技术）是对含各类体缺陷或面缺陷的镀锌钢继续运行的安全性进行定量工程评定的技术。其中对镀锌钢材料，体缺陷一般为全面腐蚀、局部腐蚀或冲蚀、复杂磨损区、点蚀、氢鼓包和夹杂物缺陷；面缺陷为硫化物应力开裂、氢致开裂、应力腐蚀、焊接热影响区开裂、过烧结、未焊透和腐蚀疲劳等。FFS技术是近几年发展、完善，并被广泛接受而形成规范标准的一项新技术。

从理论上讲，FFS技术是研究镀锌钢服役过程中带缺陷的材料剩余承载能力、缺陷尺寸和材料性能常数之间关系的技术，即在已知其中任何两项的情况下，如何计算确定另外一项的极值。从实际生产上讲，设备在运行中由于环境因素、载荷因素、热应力、腐蚀或材质劣化产生了缺陷，如何对待这些缺陷，是修理、更换、停工还是继续运行？又如，镀锌钢材料在大气、海水和土壤等自然环境下使用时，将可能发生严重的腐蚀失效或老化，材料在腐蚀失效或老化后，能否安全使用？其剩余使用寿命有多长？这些都是FFS技术所要解决的问题。材料环境适应性是衡量材料质量的重要属性。根据材料所处环境，可以将材料环境适应性分为工况环境适应性和自然环境适应性。从发展过程和特点看，以上两方面各自相对独立，但在方法论上却又非常相似，发展过程也非常相似。材料工况环境适应性评估技术目前侧重于带压工程设备，而材料自然环境适应性评估技术侧重于材料或制品在自然环境中产生缺陷后，带缺陷材料剩余承载能力或剩余寿命、缺陷尺寸和材料性能常数之间的关系。

镀锌钢FFS方法主要包括以下七个方面：

（1）检测。第一，镀锌钢缺陷面积、缺陷尺寸和形状确定，不仅需要发展镀锌钢表面缺陷、近表面缺陷尺寸和形状的精确检测与统计分析方法，而且需要发展深埋缺陷的精确检测方法和技术，更重要的是发展服役缺陷检验与评定标准；第二，使现有的声发射、超声波和磁粉等无损检测方法更加完善地应用于工业设备的无损检测中。

（2）材料性能。广泛收集整理在役设备材料断裂韧性和机械性能，建立服役环境下的材料性能数据库。

（3）应力分析。主要目的是提供缺陷区域所受的准确应力，即缺陷区域的应力计算，获得包括复杂形状在内的应力强度因子表达式，用有限元的方法对断裂过程进行分析。

（4）失效分析。综合以上各步骤，确定失效原因。

（5）环境交互作用评价。主要工作为失效模型的建立。大部分设备的失效都是与环境交互作用的结果，其中包括腐蚀、应力腐蚀、各种氢致开裂和材料损伤。完整的FFS方法需要搞清在服役条件下损伤的原因，以便决定是否继续服役或阻止损伤进一步发生。

（6）安全系数。PREFIS的计算机程序中，向程序中输入以下变量中的任意5个，就可以计算出安全系数：主应力、次应力、温度、韧脆转变温度、断裂韧性、基体金属性能、焊头性能、缺陷尺寸。结合计算结果，利用FAD图就可以给出安全系数。

（7）有效性。第一，对含缺陷的压力容器进行爆破实验；第二，用文献中的失效事例和现有标准进行论证。

以上七方面的工作是FFS方法论的主要组成部分，其中，精确的力学计算、缺陷数值模拟是安全评定技术研究的重点。在大型有限元计算软件出现之前，开展缺陷区域的精确应力计算是非常困难的。近年来，力学分析计算方法得到了飞速的发展，这为安全评定技术的推广提供了保障。Jaroslav M对近年来采用有限元方法对压力容器和管线进行受力分析和计算的研究进展进行了总结，从线性与非线性、静载荷与动载荷、应力与偏差计算、可靠性分析等方面进行了阐述。可见，随着力学计算的发展、计算机技术的快速进步和大型计算程序的开发，力学计算和缺陷数值模拟的精度、可靠性已得到很大提高。M. F. Pellissetti等则对当前常用的各类有限元模拟计算软件进行了总结，在结构可靠性评定过程中计算软件系统已经成为不可缺少的工具。S. Courtin等利用ABAQUS有限元软件计算了应力集中因子，作为评价裂纹扩展的有效方法。Sachin K等对随机结构的力学问题进行了研究。由此可见，近年来力学分析计算软件系统的快速发展为设备安全评定提供了有力的支撑。如图6.17所示为基于断裂力学的安全评定方法简图。

点蚀是工程实际中广泛存在的由含氯离子、卤族离子等介质引起的一种金属材料失效形式。由于这种缺陷容易诱发突然断裂而严重威胁到设备的安全使用，大大缩短设备使用的剩余寿命。如何准确而快速地对这种缺陷进行安全评定和剩余寿命估算是重要的理论和工程问题。

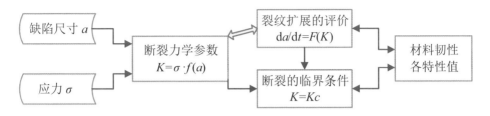

图6.17 基于断裂力学的安全评定方法简图

FFS技术的发展为以上问题的解决提供了有力的手段。研究表明，FFS技术建立的三级评估制度在工程应用上是完全可行的：一级是倾向于用最少的检测和设备数据在较为保守的判据下进行评估；二级利用与一级水平相同的检测数据，但是在比一级较为宽松的判据下进行评估，过程要复杂一些；三级是最高水平和最复杂的评估，这级评估要利用保守性最小的判据，并要利用最为详细的检测信息和设备服役数据，整个过程完全建立在定量分析的基础上，如应力计算采用有限元方法。

6.3 基于机器学习的电网镀锌钢构件防腐策略优化方法

现有研究缺乏针对镀锌钢大气腐蚀的防腐蚀策略，若要建立防腐蚀策略，可以先将环境腐蚀等级进行精细分级，进而准确判断和预测镀锌钢的腐蚀。本节提出一种使用大数据技术的镀锌钢大气腐蚀等级分级分类，并由此建立镀锌钢构件防腐策略优化方法。在户外环境下，大气腐蚀所涉及的环境影响因子繁杂多变，对其促进腐蚀机理的研究尚不充分，但利用腐蚀大数据传感器结合机器学习算法不仅可以准确甄别环境因子的影响，还可以用于构建大气腐蚀等级分级分类模型，并基于此建立镀锌钢构件防腐策略优化方法。

本节通过机器学习算法，以户外采集的镀锌钢腐蚀大数据：服役年限、多种环境影响因子、气象因素及材料力学因素等作为数据集，提出了大气腐蚀分级分类标准，并建立了防腐蚀策略模型。结合环境因素（相对湿度、温度、二氧化硫、二氧化氮、颗粒污染物、一氧化碳等）以及气象因素（风速、降水、露点温度、紫外线指数等），通过K均值聚类及层次聚类无监督聚类算法，提出大气腐蚀分级分类标准，给现有数据集样本分类并生成标签。再使用标签化的数据，通过梯度提升、随机森林、支持向量及神经网络等算法建立大气腐蚀等级分级分类模型，并形成镀锌钢构件防腐策略优化方法。

腐蚀数据包括腐蚀相对电流强度、温度及相对湿度；环境数据及污染物数据包括二氧化硫、二氧化氮、一氧化碳、臭氧、空气质量指数、PM2.5及PM10；气象数据来源于World Weather Online，包括风速、风向、天气状况指数、降水量、气压、凝露温度、热指数、紫外线指数、风寒温度、白天与否及阵风速率。

关键特征筛选，是进行机器学习前的一个必要的步骤。在学习之前，各个特征之间的相关性是未知的，特征筛选可以帮助提高模型的性能和可解释性。其主要目的是从原始特征集中选择最有信息量、最有助于模型预测的特征子集。特征筛选还可以降低数据的维度，去除无关或冗余特征，减少计算成本，提高模型的泛化能力。此外，当特征变量之间存在较高的相关性时，多重共线性造成模型不稳定性增加，通过移除相关特征，有助于解决多重共线性问题。因此，构建模型之前需要从已有的特征变量之中筛选出有益的相关特征。皮尔逊相关系数（Pearson Correlation Coefficient，PCC）是一种用于度量两变量间线性关联强度与方向的统计指标。其数值范围为–1 ~ 1，当接近1时，暗示两个变量具有强烈的正相关性；当接近0时，表示两变量之间缺乏或仅具有微弱的线性关联；而当接近–1时，则表明两个变量之间存在明显的负相关性。其计算公式：

$$PCC = \frac{\sum_{i=1}^{n}(X_i - \bar{X})(Y_i - \bar{Y})}{\sqrt{\sum_{i=1}^{n}(X_i - \bar{X})^2}\sqrt{\sum_{i=1}^{n}(Y_i - \bar{Y})^2}} \qquad (6-19)$$

利用皮尔逊相关系数对数据集中的20个特征变量进行相关性分析，结果如图6.18所示。从图中可以看出，正相关性用深绿色表示，负相关性用白色表示，颜色越深表明正相关性越好，颜色越浅便是负相关性越好。通过观察可以得知变量之间的相关性，阵风速率、风寒温度、热指数、空气质量指数及白天与否，这些特征变量与其他变量相关系数都大于0.85，属于强相关性，因此将上述5个特征变量从数据集中剔除，避免出现多重共线性问题，将剩余的15个特征变量作为后续机器学习模型的数据集。

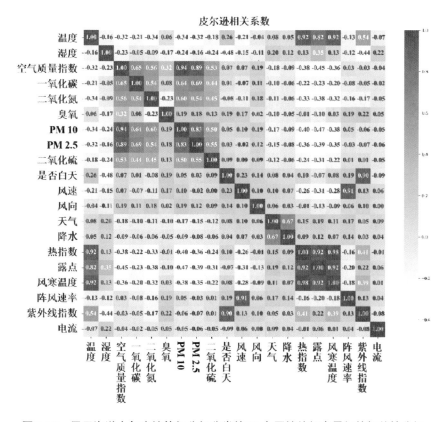

图6.18　用于海洋大气腐蚀等级分级分类的20个原始特征变量间的相关性分析

6.3.1 基于聚类算法的数据标签化

在机器学习中，无监督学习是一种常用的对没有预先给定标签的训练数据进行学习的方法。学习的目的是发现数据内部的隐藏结构、模式或关系。无监督学习的一个常见应用是聚类分析。聚类方法将数据集分割成多个组，使得同一组内的数据点之间具有较高相似性，而不同组的数据点之间具有较低相似性。这种方法可以在没有事先知道类别信息的情况下，对数据进行标签化。由于当前数据集都是无标签数据，本研究将采用K-means及层次聚类算法对数据集进行聚类处理，把数据标签化，同时定义海洋大气腐蚀等级分类标准。

K-means聚类算法的原理为先选择K个数据点作为初始簇中心，再将每个数据点分配给最近的簇中心，从而形成K个簇。再重新计算每个簇内数据点的均值，将这些均值作为新的簇中心。该过程持续进行，直到簇中心不再发生显著变化。K-means是一种基于质心的聚类算法，簇的形状通常是凸的，簇的大小和形状受到初始簇中心的选择和数据分布的影响，可以处理大规模数据集，并且在高维数据上表现良好，尤其是在特征数量较多时。图6.19为K-means聚类算法的工作流程示意图。

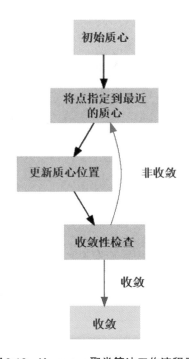

图6.19　K-means聚类算法工作流程示意图

层次聚类（Hierarchical Clustering）是基于不同层次的群集间相似度分析数据，进而形成树状的聚类结构。层次聚类通常有两种分割策略：自底向上的聚合（Agglomerative）策略和自顶向下的分解（Divisive）策略。本研究将使用聚合层次聚类算法（Agglomerative Hierarchical Clustering）对数据集进行聚类分析，其操作原理为：假定每个样本点都是独立的群集，然后在算法每次迭代中找到相似度较高的群集进行合并。这一过程持续重复，直到达到预定的群集数量，其工作流程示意如图6.20所示。与K-means算法相比，层次聚类算法对簇的形状和大小没有严格的限制，这使得层次聚类算法能够处理具有复杂结构和非球状分布的数据集，并且层次聚类算法在合并簇时通常会将相似度较低的数据点排除在外，因此对噪声和异常值具有一定的鲁棒性。

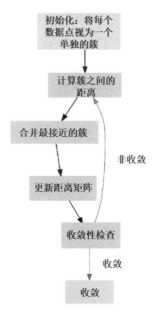

图6.20 层次聚类模型工作流程示意图

6.3.2 建立海洋大气腐蚀分级分类标准

聚类模型的性能评估可以通过误差平方和（Sum of Squared Errors，SSE）、Calinski-Harabasz指数以及轮廓系数（Silhouette Coefficient）来实现。SSE计算所有数据点到其所属类中心的距离平方和，较小的SSE值意味着类内的数据点更紧凑，其计算公式为：

$$\sum\nolimits_{i=1}^{n}(y_i - y_i^*)^2 \tag{6-20}$$

Calinski-Harabasz指数（CH指数）通过衡量类内各点与类中心的距离平方和来评估类内的紧密性，并通过计算各类中心点与整个数据集中心点的距离平方和来度量数据集的分离程度。CH指数由分离度与紧密度的比值得到。较大的CH指数意味着类自身紧密，类与类之间分散，即聚类结果更优。

$$s(k) = \frac{tr(B_k)m-k}{tr(W_k)k-1} \tag{6-21}$$

轮廓系数适用于实际类别信息未知的情况，它考虑了类内紧密性和类间分离性，轮廓系数的计算公式为：

$$s = \frac{b-a}{max(a,b)} \tag{6-22}$$

a是单个样本与同类别中其他样本的平均距离，b是与它距离最近的不同类别的平均距离。轮廓系数的取值范围是$-1 \sim 1$。值越接近1，表示聚类效果越好，类内紧密性高且类间分离性好；值接近0表示聚类效果一般，类内紧密性和类间分离性相近；若值接近-1，则表明聚类效果较差，类内紧密性低且类间分离性差。

图6.21为两种聚类模型性能评价结果，从图6.21（a）中可以看出，无论簇的个数为多少，K-means模型的SSE值始终低于层次聚类模型。同样，K-means的CH值也始终高于层次聚类模型。并且，可以看出当簇的个数为5时，K-means模型的SSE值达到一个相对较低的值，同时其CH指数也达到一个较高的值，轮廓系数达到0.81，说明此时该模型的分类效果较好。因此，本研究选用K-means聚类模型用于数据集的标签化，将数据集划分为五类是较为合适的，分别对应S1~S5五个大气腐蚀等级，同时S1~S5五个大气腐蚀等级对应A1 ~ A5五个防腐蚀策略，即无须防护、适度防护、中度防护、重度防护及重新施工。

表6.4为大气腐蚀分级分类标准，可以看出大气腐蚀等级从S1~S5腐蚀性逐渐增强，腐蚀相对电流强度逐渐增大。其中，相对湿度对腐蚀等级的影响较大，S1腐蚀等级的相对湿度为78.37%，其他等级都在96.5%以上，相对湿度是腐蚀等级划分的重要影响因素。此外，风速也对腐蚀等级的划分影响较大，较大的风速会加快碳钢表面干湿交替的频率，进而加速腐蚀。

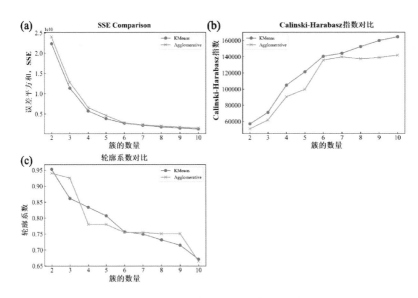

图6.21　K-means聚类与层次聚类模型性能评估

(a) SSE值对比　　(b) CH指数对比　　(c) 轮廓系数对比

表6.4　大气腐蚀分级分类标准

编号	等级	电流/nA	气温/°C	湿度/%	风速/(km/h)	风向/°
A1	S1	64.14	25.31	78.37	12.01	140.67
A2	S2	1582.88	21.89	96.71	11.93	108.87
A3	S3	4628.34	24.42	97.54	13.86	153.31
A4	S4	10416.94	22.65	98.58	15.79	178.63
A5	S5	21266.31	21.79	98.7	17.03	162.69

编号	等级	二氧化硫/($\mu g/m^3$)	二氧化氮/($\mu g/m^3$)	一氧化碳/($\mu g/m^3$)	臭氧/($\mu g/m^3$)	PM 2.5/($\mu g/m^3$)
A1	S1	4.94	18.25	0.59	64.53	140.67
A2	S2	5.09	14.81	0.61	67.85	108.87
A3	S3	5.55	15.19	0.57	78.53	153.31
A4	S4	5.34	12.66	0.53	87.29	178.63
A5	S5	6.12	10.30	0.49	79.22	162.69

编号	等级	露点/°C	降水量/mm	PM 10	天气	紫外线指数
A1	S1	4.94	18.25	40.27	64.53	3.69
A2	S2	5.09	14.81	32.52	67.85	2.53
A3	S3	5.55	15.19	37.36	78.53	2.66
A4	S4	5.34	12.66	32.27	87.29	2.79
A5	S5	6.12	10.30	24.60	79.22	2.72

　　为直观地展示依据上述分级分类标准划分的数据结果，通过PCA（Principal Component Analysis）主成分分析降维后，选择腐蚀相对电流强度、湿度、风速三个主要特征参数进行结果可视化，如图6.22所示。可以看出大部分数据划分为腐蚀等级S1，而腐蚀等级S2与S3数量接近，腐蚀等级S4与S5数量接近。在腐蚀等级S1中，相对湿度的分布范围是0%～100%。然而，随着腐蚀等级的提升，相对湿度的分布范围逐渐收窄，但其湿度值却持续升高。这一现象表明，达到较高湿度值是高腐蚀等级的必要条件，高湿度值往往对应于高腐蚀等级。从风速这一维度来看，其分布规律与相对湿度相似。随着腐蚀等级的增加，风速也趋向于较大的值，但风速的分布范围不断收窄，这也证明了高风速会导致较高的海洋大气环境腐蚀等级。值得注意的是，腐蚀等级S5的数据点都分布在较高的风速和相对湿度区间内，这两种主要影响因素可能存在协同效应，大气中湿度越高，风速越大，

使得碳钢表面干湿交替频率越快，从而引发更高的海洋大气腐蚀等级。

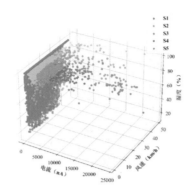

图6.22 K-means聚类模型分类结果

6.3.3 镀锌钢大气腐蚀等级分级分类及防腐蚀策略模型

1. 分级分类模型选择

（1）XGBoost（eXtreme Gradient Boosting）是一种基于梯度增强树（Gradient Boosted Trees）算法的高效、灵活且可扩展的机器学习库。XGBoost通过优化梯度提升树算法来实现。它通过迭代构建多个弱学习器（通常是CART树，即分类回归树）并将它们组合在一起，形成一个强学习器，在每一轮迭代中，模型会学习一个新的树，该树试图纠正之前树的预测误差。

在多分类问题中，XGBoost采用Softmax函数将多个输出转换为概率分布，用于表示每个类别的预测概率，然后选择具有最高概率的类别作为预测结果。XGBoost多分类模型的工作流程如图6.23所示。

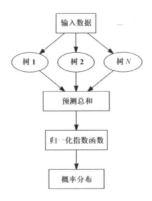

图6.23 XGBoost多分类模型工作流程示意图

XGBoost模型中，$F(x)$ 由多个弱学习器（决策树）的组合构成：

$$F(x) = \sum f_k(x) \tag{6-23}$$

其中$f_k(x)$ 是第k个决策树。多分类问题的目标函数可以表示为：

$$F(x) = \sum f_k(x) \tag{6-24}$$

$$L(y, F(x)) = -\sum y_i \cdot \log\left(P(y_i|x_i)\right)$$

$P(y_i|x_i)$ 是由softmax函数计算得到的预测概率：

$$P(y_i|x_i) = \frac{\exp\left(F_k(x_i)\right)}{\sum_{k=1}^{k} \exp\left(F_k(x_i)\right)} \tag{6-25}$$

　　梯度提升方法通过迭代优化目标函数来构建模型。在每一轮迭代中，都会计算损失函数的负梯度，再训练一个新的决策树对这个负梯度进行拟合，负梯度可以看作是损失函数相对于当前模型的残差，每个决策树都试图减小损失函数。XGBoost使用第二阶导数信息（Hessian矩阵）来优化目标函数，这使得学习过程更加稳定和准确。此外，XGBoost还引入了正则化项来防止过拟合，使得模型更加稳健。目标函数可以写成：

$$L(y, F(x)) + \Omega(F) \tag{6-26}$$

　　其中，$\Omega(F)$ 为正则化项，其作用为避免模型过拟合，$\Omega(F)$ 可以写成：

$$\Omega(F) = \gamma T + \frac{1}{2}\lambda \sum_{k=1}^{k} W_k^2 \tag{6-27}$$

T是树的数量，W_k是第k个树的权重，γ和λ是正则化参数。

　　（2）支持向量机（Support Vector Machine，SVM）主要应用于分类和回归任务。SVC（Support Vector Classifier, SVC）是支持向量机在分类任务中的应用，其思想是在特征空间中找到一个最优超平面（Optimal Hyperplane），使得两个不同类别的样本能被尽可能准确地分开。这个最优超平面（决策边界）使得与不同类别最近的样本之间的距离最大化，这有助于提高分类的准确性和泛化能力。SVC本身是一个二分类模型，但可以通过"一对一"（One-vs-One）或"一对多"（One-vs-Rest）的策略扩展为多分类模型。在"一对一"策略中，为每一对类别训练一个二分类SVC，最终选取具有最高投票数的类别作为预测结果。在"一对多"策略中，为每个类别训练一个SVC，将该类别与其他所有类别区分开，最后选择具有最高置信度的类别作为预测结果。在本研究中，我们将选用"一对多"的工作策略进行腐蚀等级分级分类模型研究，图6.24所示为SVC多分类模型工作流程示意图。

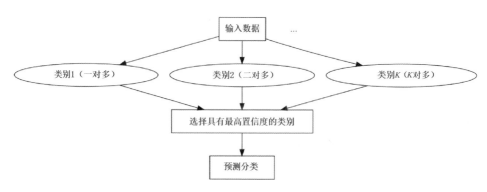

图6.24 SVC多分类模型工作流程示意图

假设有k个类别，需要训练k个二分类SVC，对于每个类别k，将类别k的样本标签设为+1，将其他所有类别的样本标签设为–1。对于k个SVM模型，每个模型可以表示为：

$$F(x) = W_k T \cdot x + b_k \qquad (6-28)$$

在预测阶段，计算每个类别的决策函数值，选择具有最大决策函数值的类别作为预测结果：

$$y_{pred} = arg\,max\,f_k(x) \qquad (6-29)$$

SVC在高维空间中表现良好，其仅使用一部分训练数据（支持向量）作为决策函数，这使得SVM在某种程度上具有较好的泛化能力。但当数据量很大时，SVC的训练过程可能会变得非常耗时。

（3）随机森林是由多个决策树组成的集成学习模型。对于一个包含k个类别的多分类问题，需要训练多个决策树。每棵树从训练集中随机有放回地抽取n个样本作为训练子集，这种抽样方法称为自助抽样（Bootstrap Sampling）。在每个节点上，模型会随机地从所有特征中选取m个特征，这种方法称为随机特征选择。基于这些特征来决定如何划分数据到不同的子节点，这个过程是递归进行的，直到满足预设的停止条件，比如树达到了预设的深度，或者节点内的样本数量低于了某个预设的阈值。随机森林多分类模型的工作原理如图6.25所示。

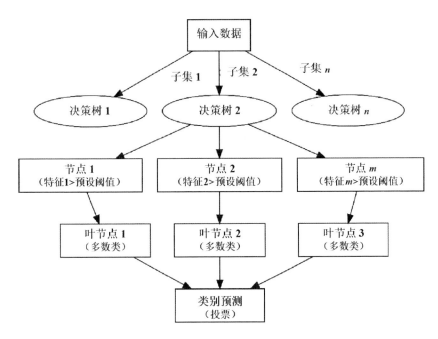

图6.25　随机森林多分类模型工作流程示意图

随机森林中的每棵决策树，都得到一个预测结果，其整体预测结果是由所有决策树的预测结果投票决定的：

$$p(x) = arg\ m_k ax \sum_{t=1}^{T} l(P_t(x) = k) \tag{6-30}$$

其中T是决策树的数量，l是指示函数，当条件为真时取值为1，否则为0。通过这种投票机制，可以降低模型的方差和过拟合风险。而且随机森林中的决策树可以独立并行训练，这使得随机森林在大数据集上的训练速度相对较快。利用随机森林还可以计算每个特征的重要性，有助于特征选择和模型解释；此外，随机森林对于非线性和高维数据表现良好。

（4）神经网络（Neural Networks）是一种受生物神经系统启发的计算框架，用于处理各种类型的机器学习任务，包括多分类问题。神经网络由多个层（包括输入层、隐藏层和输出层）和众多神经元构成。每个神经元从前一层的神经元接收输入，并通过激活函数产生输出。在多分类任务中，输出层的神经元数量等于类别数，每个神经元代表一个类别。图6.26为本研究选用的神经网络模型工作模式示意图。

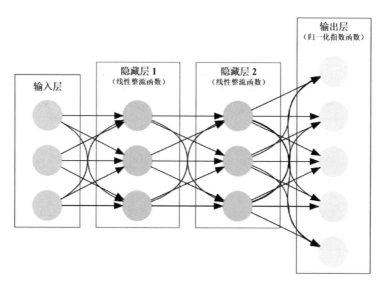

图6.26　神经网络多分类模型工作流程示意图

假设有k个类别，训练集为$\{(x_i,y_i)\}$，x_i作为特征向量，y_i属于$\{1,2,\cdots,k\}$。输入层接收原始特征向量x，假设x的维度为D，则输入层有D个节点，这些节点将输入特征传递给隐藏层。隐藏层是神经网络中的核心部分，通常包括多个节点，每个节点表示一个激活函数（如ReLU、Sigmoid、Tanh等），隐藏层的输出由以下公式计算：

$$h = f(W_1 \cdot x + b_1) \tag{6-31}$$

其中，W_1是输入层到隐藏层的权重矩阵，b_1是隐藏层的偏置项，f是激活函数。输出层负责将隐藏层的输出转换为类别概率。对于多分类问题，通常使用softmax作为激活函数。输出层的计算公式如下：

$$z = W_2 \cdot h + b_2 \tag{6-32}$$

$$y_{Pred} = softmax(z) \tag{6-33}$$

W_2是隐藏层到输出层的权重矩阵，b_2是输出层的偏置项。softmax函数将z标准化为概率分布，使得所有类别的概率和为1。

在训练过程中，损失函数用于量化模型预测与真实标签之间的差距，目标是最小化损失函数，通常采用优化算法（如梯度下降、Adam等）更新模型参数（权重矩阵和偏置项）。

在预测阶段，将测试样本输入到神经网络中，并获取输出层的类别概率分布，最终的预测结果是具有最高概率的类别。神经网络的性能取决于多个超参数的选择，如隐藏层的节点数、激活函数、优化算法等。

2. 分级分类模型性能评估

在构建腐蚀等级分级分类模型之前，首先对数据集进行归一化处理，将数据集划分为训练集和测试集，比例为4:1。由于不同特征的数据维度差异很大，一些机器学习算法（如SVC、XGBoost、神经网络等）的性能可能会受到影响，因为它们依赖于特征之间的距离或梯度下降。因此，需要对数据集进行标准化处理，标准化后的数据更容易解释，所有特征都在同一尺度上，这使得在模型评估和特征选择过程中更容易比较各个特征的重要性。

混淆矩阵用于描述模型预测的类别与实际类别之间的关系，通过矩阵形式呈现各种可能的分类结果组合。对角线上的值表示预测正确的样本数，其他表示预测错误的样本数。图6.27所示为XGBoost、支持向量机（SVC）、随机森林（RF）及神经网络（Neural Network）腐蚀等级多分类模型的混淆矩阵，从中可以看出XGBoost与RF模型的分类准确率较好，大部分数据预测类别都与其真实类别相对应。而SVC与神经网络的分类效果相对较差，尤其是SVC，将所有测试集的数据都划分为S1腐蚀等级，分类准确率很低。

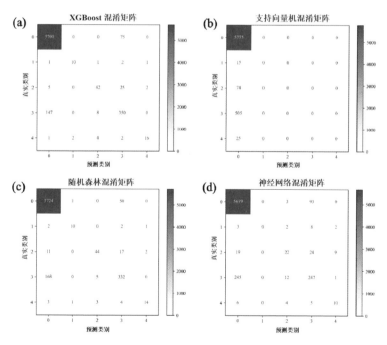

图6.27 不同腐蚀等级多分类模型的混淆矩阵分析
(a) XGBoost (b) SVC (c) RF (d) Neural Network

从混淆矩阵中可以提取出如下评估指标：准确率（Accuracy）、召回率（Recall）、精准率（Precision）及F1指数。各项指标的计算方式如下：

$$Accuracy = \frac{TP+TN}{TP+TN+FP+FN} \tag{6-34}$$

$$Recall = \frac{TP}{TP+FN} \tag{6-35}$$

$$Precision = \frac{TP}{TP+FP} \tag{6-36}$$

$$F1 = \frac{2\times Precision \times Recall}{Precision+Recall} \tag{6-37}$$

其中，TP表示实际类别为正例，模型预测为正例的样本数；TN表示实际类别为负例，且模型预测为负例的样本数；FP表示实际类别为负例，但模型错误地预测为正例的样本数；FN表示实际类别为正例，但模型错误地预测为负例的样本数。

准确率即正确预测样本数量与总样本数量之间的比率，反映了模型在各类别整体上的表现力。精准率是针对每个类别计算的，代表预测为该类别并且正确的样本数占预测为该类别的所有样本数的比率，描述了模型在预测某一类别时的准确性。召回率也是针对每个类别计算的，代表预测为该类别并且正确的样本数占实际为该类别的样本数的比率，描述了模型在识别某一类别时的能力。F1指数是精准率和召回率的调和平均值，综合考虑了模型的预测准确性。F1指数越高，说明模型性能越好。

加权平均（Weighted Average）在多分类问题中，可以计算每个类别的Precision、Recall和F1指数，然后将它们按照各自类别的样本数加权求和。这种方法考虑了多分类问题的类别不平衡问题，因为它根据每个类别的样本数为其分配权重。

图6.28为各个腐蚀等级分级分类模型的加权平均性能评估，其中XGBoost模型的效果最佳，准确率、精准率、召回率及F1指数各项指标均最高，都达到0.96；而支持向量机模型的各项指标均最差，准确率为0.9，精确率仅为0.82。

ROC曲线（Receiver Operating Characteristic Curve）用于评估在不同的分类阈值下模型的性能。ROC曲线越靠近左上角，意味着模型的分类效果越好。在多分类问题中，可以为每个类别绘制一条ROC曲线，计算每个类别的AUC值（Area Under Curve），评估模型的整体性能。AUC值是ROC曲线下的面积，AUC值的范围为0~1，一个理想的分类器的AUC值为1。图6.29为不同算法的腐蚀等级分级分类模型的ROC曲线，同样是XGBoost模型的分类效果最好，5个类别的AUC值分

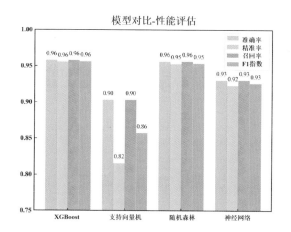

图6.28　腐蚀等级分级分类模型的加权平均性能评估

别达到了0.98、0.96、0.99、0.97及0.99。综合所有评估指标，XGBoost腐蚀等级多分类模型的性能都为最佳，证明该模型的分类效果优异，因此选择XGBoost模型作为海洋大气腐蚀等级分级分类模型。

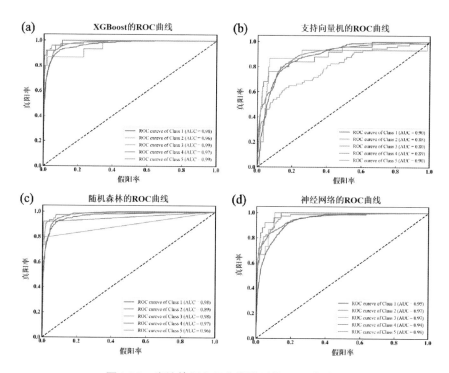

图6.29　腐蚀等级分级分类模型的ROC曲线分析

第七章　电力智能腐蚀管理平台开发

7.1 高精度浙江省大气腐蚀地图绘制研究

7.1.1 绘制基本原则

1. 腐蚀等级划分

根据ISO 9223—2012及GB/T 19292.1—2018，大气腐蚀性等级现分为六级，见表7.1。

表7.1　大气腐蚀性分级

等级	腐蚀性
C1	很低
C2	低
C3	中等
C4	高
C5	很高
CX	极高

大气腐蚀等级划分的具体方法按ISO 9223—2012及GB/T 19292.1—2018的规定执行。在绘制国网浙江电力大气腐蚀等级分布图时，相邻区域不应出现大气腐蚀等级的跳变。不同大气腐蚀等级下，金属的腐蚀速率范围见表7.2。

表7.2　在不同腐蚀等级下暴晒第一年的腐蚀速率

等级	金属的腐蚀速率 r_{corr}				
	单位	碳钢	锌	铜	铝
C1	g/(m² · a)	$r_{corr} \leq 10$	$r_{corr} \leq 0.7$	$r_{corr} \leq 0.9$	忽略
	μ m/a	$r_{corr} \leq 1.3$	$r_{corr} \leq 0.1$	$r_{corr} \leq 0.1$	

续表

等级	金属的腐蚀速率 r_{corr}				
	单位	碳钢	锌	铜	铝
C2	$g/(m^2 \cdot a)$	$10 < r_{corr} \leq 200$	$0.7 < r_{corr} \leq 5$	$0.9 < r_{corr} \leq 5$	$r_{corr} \leq 0.6$
	$\mu m/a$	$1.3 < r_{corr} \leq 25$	$0.1 < r_{corr} \leq 0.7$	$0.1 < r_{corr} \leq 0.6$	—
C3	$g/(m^2 \cdot a)$	$200 < r_{corr} \leq 400$	$5 < r_{corr} \leq 15$	$5 < r_{corr} \leq 12$	$0.6 < r_{corr} \leq 2$
	$\mu m/a$	$25 < r_{corr} \leq 50$	$0.7 < r_{corr} \leq 2.1$	$0.6 < r_{corr} \leq 1.3$	—
C4	$g/(m^2 \cdot a)$	$400 < r_{corr} \leq 650$	$15 < r_{corr} \leq 30$	$12 < r_{corr} \leq 25$	$10 < r_{corr} \leq 200$
	$\mu m/a$	$50 < r_{corr} \leq 80$	$2.1 < r_{corr} \leq 4.2$	$1.3 < r_{corr} \leq 2.8$	—
C5	$g/(m^2 \cdot a)$	$650 < r_{corr} \leq 1500$	$30 < r_{corr} \leq 60$	$25 < r_{corr} \leq 50$	$5 < r_{corr} \leq 10$
	$\mu m/a$	$80 < r_{corr} \leq 200$	$4.2 < r_{corr} \leq 8.4$	$2.8 < r_{corr} \leq 5.6$	—
CX	$g/(m^2 \cdot a)$	$1500 < r_{corr} \leq 5500$	$60 < r_{corr} \leq 180$	$50 < r_{corr} \leq 90$	$r_{corr} > 10$
	$\mu m/a$	$200 < r_{corr} \leq 700$	$8.4 < r_{corr} \leq 25$	$5.6 < r_{corr} \leq 10$	—

2. 环境腐蚀因子采集

（1）气象与环境数据。

该部分数据包含年均温度、年均湿度、Cl⁻沉积速率、SO_2沉积速率等，采集点密度为1 000 km²/个。获得该数据，可间接计算获得金属在该处大气环境中的腐蚀速率。

（2）曝露挂片法金属挂片数据。

该部分数据为标准金属试片在大气环境中经曝露一定周期的自然腐蚀速率，曝露周期以1年期居多，采集点密度为1 000 km²/个。该方法可直接获得金属在该处大气环境中的腐蚀速率。

（3）典型腐蚀源加权影响。

主要考虑以工业腐蚀源为主，自然腐蚀源目前仅考虑海洋环境；在腐蚀源影响范围内，大气腐蚀源含量超过GB/T 19291.1规定范围时，应将相应的大气腐蚀等级至少提高1个等级。工业腐蚀源影响半径考虑3 km，自然腐蚀源（海洋）影响半径考虑离海岸线5 km。

（4）运行经验判定。

根据现行标准DL/T 1453规定，对于新建电力设备在6年内即发生重腐蚀的地区（半径3 km，与工业腐蚀源一致），可判定为CX腐蚀环境；10年内发生重腐蚀的地区，可判定为C5腐蚀环境；15年内发生重腐蚀的地区，可判定为C4腐蚀环境。

大气腐蚀等级应根据上述4个因素综合考虑划分，当四者不一致时，以运行经验确定。

3. 其他要求

大气腐蚀地图绘制过程中，宜考虑下列要求：

• 以地理信息系统中的电子地图为底图绘制；

• 绘制电网地理接线图，标明输电线路、变电站、发电厂符号及名称；

• 在底图上标明各种典型腐蚀源；

• 针对电网密度及重要性程度，为保证电网安全性，可通过适当提高大气腐蚀等级以留有一定的环境余量。

7.1.2 气象与环境数据

1. 环境因子数据

从浙江省环境监测中心及杭州市气象局收集全省各县市气象与环境相关数据，包括年平均温湿度、大气中Cl^-沉降速率数据、大气中SO_2沉降速率数据。

浙江省各县市监测点的年均气温、年均相对湿度数据列于表7.3中。

表7.3 浙江省各地年均温湿度

站名	平均气温/℃	平均相对湿度	站名	平均气温/℃	平均相对湿度
长兴	16.2	71	温州浮标	17.9	90
安吉	16.7	73	南麂	18.4	78
临安	15.8	73	仙居	17.6	68
富阳	16.9	71	缙云	17.0	77
湖州	16.3	74	乐清	17.9	78
嘉善	16.5	71	青田	18.7	72
嘉兴	16.6	71	永嘉	18.5	78
绍兴	17.5	73	温州	18.5	74
德清	16.4	69	临海	17.5	74
海宁	16.8	78	东矶	16.9	80
桐乡	16.6	77	温岭	17.8	72
杭州	17.2	71	洪家	18.1	77
海盐	16.6	75	大陈岛	17.0	83
萧山	17.1	70	玉环	17.3	79

站名	平均气温/℃	平均相对湿度	站名	平均气温/℃	平均相对湿度
平湖	16.9	73	云和	17.8	75
慈溪	17.3	73	庆元	17.6	75
余姚	17.3	72	泰顺	16.0	79
嵊泗	16.1	74	文成	18.0	77
嵊山	15.9	78	平阳	18.5	76
定海	16.9	72	瑞安	18.5	76
岱山	16.7	76	洞头	17.9	80
开化	16.5	78	普陀	16.4	83
桐庐	16.7	74	舟山浮标	18.3	86
淳安	17.0	74	常山	17.5	72
建德	16.6	77	江山	17.4	71
浦江	16.7	74	衢州	17.4	74
龙游	17.3	79	武义	17.2	73
兰溪	17.6	70	永康	18.2	68
金华	17.8	67	遂昌	16.9	76
诸暨	16.9	76	丽水	18.3	71
上虞	16.7	77	龙泉	17.9	75
新昌	16.7	72	鄞州	17.2	73
嵊州	16.8	74	北仑	17.2	73
义乌	17.3	69	奉化	17.0	78
东阳	17.8	68	象山	17.3	76
天台	17.1	72	宁海	16.8	74
磐安	16.0	86	三门	17.3	74
镇海	16.8	73	石浦	16.6	78

表7.4为浙江省大气中SO_2年均浓度数据。ISO 9223—2012中说明，大气中SO_2年均浓度（P_c，mg/L）与年沉降速率［P_d，mg/（$m^2 \cdot d$）］间存在如下变换：$P_d = 0.8 P_c$，表7.4中的浓度值换算成沉积速率值后，方可带入公式（7-1）中进行相关计算。

表7.4 浙江省各地大气中SO₂年均浓度

城市名称	SO₂年均浓度 / （mg/m³）	城市名称	SO₂年均浓度 / （mg/m³）	城市名称	SO₂年均浓度 / （mg/m³）
杭州	0.034	青田县	0.012	江山	0.045
宁波	0.023	云和县	0.014	岱山县	0.010
温州	0.025	长兴县	0.032	嵊泗县	0.007
嘉兴	0.029	安吉县	0.022	仙居县	0.015
湖州	0.026	绍兴县	0.049	三门县	0.027
绍兴	0.047	新昌县	0.029	天台县	0.019
金华	0.035	诸暨	0.034	玉环	0.016
衢州	0.031	上虞	0.034	温岭	0.016
舟山	0.010	庆元县	0.009	临海	0.019
台州	0.027	缙云县	0.013	龙泉	0.013
丽水	0.016	遂昌县	0.026	苍南县	0.021
桐庐县	0.028	松阳县	0.018	文成县	0.011
临安区	0.019	景宁县	0.012	泰顺县	0.013
淳安县	0.018	嵊州	0.043	瑞安	0.023
建德	0.024	武义县	0.028	乐清	0.015
富阳区	0.032	浦江县	0.027	嘉善县	0.021
象山县	0.017	磐安县	0.014	海盐县	0.026
宁海	0.023	兰溪	0.031	海宁	0.034
余姚	0.028	义乌	0.038	平湖	0.025
慈溪	0.026	东阳	0.042	桐乡	0.032
奉化	0.026	永康	0.031	德清县	0.023
洞头区	0.010	常山县	0.026	平阳县	0.013
永嘉县	0.015	开化县	0.024	龙游县	0.043

　　表7.5所列大气中Cl⁻沉积速率数据综合了浙江省沿海部分乡镇大气中Cl⁻沉积速率测试结果、降水中Cl⁻浓度及各区域的地形地貌等因素。鉴于空气中Cl⁻沉降速率影响因素复杂，表7.6中列出其范围值。

表7.5 浙江省沿海部分乡镇大气中Cl⁻沉积速率测试结果（mg/m²·d）

序号	测试点	离海距离/km	上半年	下半年	均值
1	东海	3.5	0.70	5.39	3.05
2	马桥	7	0.61	1.71	1.16
3	箬横	7	2.34	20.66	11.50
4	崇寿	4	2.63	12.39	7.51
5	东吴	26	2.48	2.87	2.68
6	范市	15	40.25	19.67	29.96
7	郭巨	1	4.50	4.39	4.45
8	江口	22	1.62	1.77	1.70
9	梁辉	30	8.15	10.32	9.24
10	舟山0 m	0	—	—	48.1
11	舟山50 m	0.05	—	—	4.2
12	舟山350 m	0.35	—	—	7.0
13	舟山4500 m	4.5	—	—	1.4

表7.6 浙江省各地降水中Cl⁻浓度及大气中Cl⁻沉积速率数据

测站名称	降水中浓度/（mg/L）	沉积速率/（mg/m²·d）	测站名称	降水中浓度/（mg/L）	沉积速率/（mg/m²·d）
杭州市监测站	0.7725	1～3	桐庐县监测站	0.37	0.5～1.0
临安市监测站	0.8257	1～3	淳安县监测站	0.5497	1～2.5
建德市监测站	0.2417	0.5～1.0	富阳市监测站	1.231	1～3
宁波市中心站	0.4529	2～5	宁海县监测站	1.66	1～4
象山县监测站	1.905	2～8	余姚市监测站	1.494	3～20
慈溪市监测站	1.2167	2～40	奉化市监测站	0.8317	1～4
温州市监测站	1.4979	1～6	洞头县监测站	2.4265	10～25
永嘉县监测站	1.805	1～6	平阳县监测站	1.884	1～7
苍南县监测站	0.543	1～4	文成县监测站	0.4975	1～2.5
泰顺县监测站	0.7417	1～4	瑞安市监测站	1.493	1～7
乐清市监测站	1.177	1～6	海宁市监测站	0.508	1～3
嘉兴市监测站	1.052	1～4	平湖市监测站	1.394	3～10
嘉善县监测站	1.927	1～5.5	桐乡市监测站	0.8522	1～4
海盐县监测站	1.7	4～15	湖州市监测站	2.014	3～6

续表

测站名称	降水中浓度 / (mg/L)	沉积速率 / (mg/m² · d)	测站名称	降水中浓度 / (mg/L)	沉积速率 / (mg/m² · d)
德清县监测站	5.038	3.0 ~ 8.0	长兴县监测站	3.1987	4 ~ 8
安吉县监测站	—	0.5 ~ 0.8	绍兴县监测站	—	1 ~ 4
绍兴市区监测站	0.6575	1 ~ 3	新昌县监测站	2.286	3 ~ 6
诸暨市监测站	0.605	1 ~ 3	上虞市监测站	1.553	1 ~ 5
嵊州市监测站	—	1 ~ 3	磐安县监测站	—	0.4 ~ 0.8
金华市监测站	0.2549	0.5 ~ 1.0	武义县监测站	0.787	1 ~ 3
浦江县监测站	0.321	0.5 ~ 1.0	兰溪市监测站	1.506	1 ~ 3
义乌市监测站	0.5209	1 ~ 2.5	永康市监测站	1.81	2 ~ 8
东阳市监测站	—	0.5 ~ 2	开化县监测站	—	0.5 ~ 0.8
衢州市监测站	0.315	0.5 ~ 1.0	常山县监测站	0.454	0.5 ~ 1.0
龙游县监测站	—	0.5 ~ 1.0	江山市监测站	—	0.5 ~ 1.0
舟山生态站	1.2106	1 ~ 10	嵊泗县监测站	4.688	25 ~ 40
岱山县监测站	—	3 ~ 15	仙居环监站	—	1 ~ 3
台州环监站	1.234	1 ~ 4	天台环监站	0.05	0.5 ~ 0.8
三门环监站	—	1 ~ 7	温岭环监站	1.8058	1 ~ 6
玉环环监站	1.689	1.5 ~ 6	松阳县监测站	—	0.6 ~ 2
临海环监站	1.055	1 ~ 6	丽水市监测站	2.2898	2 ~ 4
龙泉市监测站	0.955	1 ~ 3	青田县监测站	0.991	1 ~ 3
云和县监测站	0.098	0.5 ~ 0.8	庆元县监测站	0.528	1 ~ 2.5
缙云县监测站	0.293	0.5 ~ 1.0	遂昌县监测站	0.067	0.5 ~ 0.8
景宁县监测站	0.085	0.5 ~ 0.8			

2. 计算过程及结果

按照大气腐蚀性分类的最新国际标准ISO 9223—2012，依据表7.3 ~ 表7.6中环境因子数据，计算碳钢、锌和铜三种标准金属在浙江省各县市大气环境中的腐蚀速率。计算公式见式（7-1）~（7-3）：

对于碳钢：

$$r_{corr} = 1.77 \times P_d^{0.52} \times \exp(0.020 \times RH + f_{St}) + 0.102 \times S_d^{0.62} \times \exp(0.033 \times RH + 0.040 \times T)$$

（7-1）

其中：$f_{St} = -0.054 \times (T-10)$

对于锌：

$$r_{corr} = 0.0129 \times P_d^{0.44} \times \exp(0.046 \times RH + f_{Zn}) + 0.0175 \times S_d^{0.57} \times \exp(0.008 \times RH + 0.085 \times T)$$

（7-2）

其中：$f_{Zn} = -0.071 \times (T-10)$

对于铜：

$$r_{corr} = 0.0053 \times P_d^{0.26} \times \exp(0.059 \times RH + f_{Cu}) + 0.01025 \times S_d^{0.27} \times \exp(0.036 \times RH + 0.049 \times T)$$

（7-3）

其中：$f_{Cu} = -0.080 \times (T-10)$

碳钢、锌、铜材根据环境因子计算得到的腐蚀速率见表7.7~表7.9。

表7.7　碳钢腐蚀速率数据（μm/a）

站名	低腐蚀速率	高腐蚀速率	平均腐蚀速率	站名	低腐蚀速率	高腐蚀速率	平均腐蚀速率
文成	19.27	21.30	20.28	长兴	33.08	35.66	34.37
平阳	19.91	26.06	22.98	安吉	25.02	25.51	25.27
瑞安	25.88	32.03	28.95	临安	25.07	27.16	26.12
洞头	29.07	38.39	33.73	富阳	29.32	31.36	30.34
鄞州	27.07	29.72	28.39	湖州	31.26	33.65	32.46
台州	31.63	35.57	33.60	嘉善	24.41	28.27	26.34
青田	17.47	19.73	18.59	嘉兴	28.36	31.17	29.77
永嘉	22.18	27.90	25.04	绍兴	35.80	38.03	36.92
温州	25.79	30.79	28.29	德清	26.43	29.60	28.01
临海	23.71	28.52	26.12	海宁	35.13	37.69	36.41
温岭	20.70	25.25	22.97	桐乡	33.72	37.15	35.44
玉环	25.37	30.20	27.78	杭州	29.77	31.83	30.80
云和	19.89	20.44	20.16	海盐	32.48	39.54	36.01
庆元	17.14	19.01	18.08	平湖	29.34	34.23	31.79
泰顺	23.63	27.20	25.41	慈溪	28.39	47.22	37.80
象山	25.05	30.28	27.66	余姚	29.70	39.42	34.56
宁海	26.78	29.91	28.35	嵊泗	30.13	35.68	32.91
三门	28.25	33.74	30.99	岱山	21.45	29.71	25.58
普陀	19.91	28.18	24.04	开化	29.25	29.82	29.53

续表

站名	低腐蚀速率	高腐蚀速率	平均腐蚀速率	站名	低腐蚀速率	高腐蚀速率	平均腐蚀速率
常山	25.59	26.36	25.97	桐庐	28.76	29.56	29.16
江山	33.04	33.78	33.41	淳安	23.64	25.41	24.53
衢州	29.22	30.04	29.63	建德	28.51	29.39	28.95
武义	28.28	30.48	29.38	浦江	28.25	29.05	28.65
永康	26.58	30.75	28.67	龙游	38.27	39.24	38.75
遂昌	28.62	29.16	28.89	兰溪	27.37	29.39	28.38
丽水	22.75	28.33	25.54	金华	26.33	26.99	26.66
龙泉	21.00	22.83	21.92	诸暨	33.53	35.93	34.73
仙居	19.98	22.40	21.19	上虞	34.56	38.88	36.72
缙云	18.60	20.50	19.55	新昌	30.92	33.19	32.05
乐清	20.78	21.68	21.23	嵊州	36.20	38.44	37.32
天台	22.38	22.86	22.62	义乌	29.99	31.51	30.75
磐安	26.98	27.99	27.48	东阳	29.42	31.16	30.29
奉化	30.61	34.21	32.41				

表7.8　锌腐蚀速率数据（μm/a）

站名	低腐蚀速率	高腐蚀速率	平均腐蚀速率	站名	低腐蚀速率	高腐蚀速率	平均腐蚀速率
长兴	1.18	1.31	1.24	磐安	1.35	1.39	1.37
安吉	0.90	0.93	0.91	奉化	1.22	1.38	1.30
临安	0.93	1.04	0.99	象山	1.01	1.26	1.13
富阳	0.99	1.11	1.05	宁海	0.99	1.15	1.07
湖州	1.18	1.29	1.24	三门	1.03	1.31	1.17
嘉善	0.86	1.07	0.97	普陀	0.86	1.23	1.04
嘉兴	0.97	1.12	1.05	常山	0.88	0.93	0.91
绍兴	1.21	1.33	1.27	江山	1.06	1.10	1.08
德清	0.93	1.11	1.02	衢州	1.04	1.08	1.06
海宁	1.37	1.49	1.43	武义	1.01	1.13	1.07
桐乡	1.29	1.45	1.37	永康	0.89	1.14	1.01
杭州	1.00	1.12	1.06	遂昌	1.08	1.11	1.10
海盐	1.25	1.58	1.42	丽水	0.94	1.21	1.08
平湖	1.10	1.34	1.22	龙泉	0.79	0.90	0.85

续表

站名	低腐蚀速率	高腐蚀速率	平均腐蚀速率	站名	低腐蚀速率	高腐蚀速率	平均腐蚀速率
慈溪	1.04	1.96	1.50	仙居	0.80	0.92	0.86
余姚	1.08	1.58	1.33	缙云	0.65	0.76	0.71
嵊泗	1.32	1.55	1.44	乐清	0.85	0.90	0.87
岱山	0.91	1.28	1.10	青田	0.67	0.80	0.74
开化	1.17	1.20	1.18	永嘉	0.92	1.20	1.06
桐庐	1.04	1.08	1.06	温州	0.95	1.22	1.08
淳安	0.90	0.99	0.94	临海	0.89	1.14	1.02
建德	1.11	1.16	1.13	温岭	0.77	1.02	0.89
浦江	1.02	1.06	1.04	玉环	1.07	1.29	1.18
龙游	1.48	1.52	1.50	云和	0.73	0.76	0.74
兰溪	0.91	1.03	0.97	庆元	0.78	0.88	0.83
金华	0.79	0.84	0.81	泰顺	1.02	1.18	1.10
诸暨	1.25	1.37	1.31	文成	0.81	0.91	0.86
上虞	1.32	1.52	1.42	平阳	0.81	1.12	0.96
新昌	1.12	1.23	1.18	瑞安	0.99	1.31	1.15
嵊州	1.27	1.38	1.33	洞头	1.29	1.68	1.49
义乌	0.96	1.05	1.00	鄞州	1.01	1.14	1.07
东阳	0.89	1.00	0.94	台州	1.30	1.48	1.39
天台	0.92	0.94	0.93				

表7.9　铜腐蚀速率数据（μm/a）

站名	低腐蚀速率	高腐蚀速率	平均腐蚀速率	站名	低腐蚀速率	高腐蚀速率	平均腐蚀速率
长兴	0.92	1.01	0.96	磐安	1.37	1.45	1.41
安吉	0.75	0.79	0.77	奉化	1.06	1.23	1.14
临安	0.81	0.92	0.86	象山	0.96	1.16	1.06
富阳	0.77	0.87	0.82	宁海	0.85	1.00	0.93
湖州	0.99	1.09	1.04	三门	0.86	1.10	0.98
嘉善	0.73	0.90	0.82	普陀	0.92	1.25	1.08
嘉兴	0.76	0.90	0.83	常山	0.72	0.77	0.74
绍兴	0.89	1.00	0.95	江山	0.75	0.80	0.77
德清	0.77	0.88	0.82	衢州	0.82	0.88	0.85

站名	低腐蚀速率	高腐蚀速率	平均腐蚀速率	站名	低腐蚀速率	高腐蚀速率	平均腐蚀速率
海宁	1.11	1.24	1.18	武义	0.83	0.94	0.88
桐乡	1.05	1.22	1.14	永康	0.70	0.86	0.78
杭州	0.77	0.88	0.82	遂昌	0.90	0.94	0.92
海盐	1.07	1.29	1.18	丽水	0.94	1.20	1.07
平湖	0.93	1.10	1.01	龙泉	0.74	0.82	0.78
慈溪	0.88	1.38	1.13	仙居	0.80	0.93	0.86
余姚	0.89	1.18	1.04	缙云	0.59	0.68	0.63
嵊泗	1.17	1.28	1.23	乐清	0.84	0.90	0.87
岱山	0.95	1.22	1.09	青田	0.68	0.79	0.73
开化	0.99	1.04	1.01	永嘉	0.93	1.19	1.06
桐庐	0.82	0.88	0.85	温州	0.82	1.05	0.94
淳安	0.82	0.91	0.86	临海	0.81	1.03	0.92
建德	0.94	1.00	0.97	温岭	0.71	0.92	0.81
浦江	0.82	0.88	0.85	玉环	1.07	1.27	1.17
龙游	1.13	1.20	1.16	云和	0.73	0.77	0.75
兰溪	0.72	0.82	0.77	庆元	0.80	0.90	0.85
金华	0.58	0.63	0.60	泰顺	1.02	1.20	1.11
诸暨	1.00	1.13	1.06	文成	0.86	0.97	0.91
上虞	1.06	1.26	1.16	平阳	0.83	1.10	0.96
新昌	0.91	0.99	0.95	瑞安	0.90	1.17	1.03
嵊州	0.94	1.06	1.00	洞头	1.36	1.59	1.47
义乌	0.71	0.79	0.75	鄞州	0.87	0.98	0.93
东阳	0.63	0.73	0.68	台州	1.15	1.35	1.25
天台	0.73	0.77	0.75				

7.1.3 环境腐蚀站挂片数据

1. 曝露挂片法挂片过程

2017年，国网浙江省电力有限公司已参考GB/T 14165及GB/T 19292.4的相关要求，采用曝露挂片法的挂片方式，在省检修公司及11个地市供电公司的变电站之中布置电网金属曝露挂片法挂片点。目前全省范围已布置110个站点（110座变电站，分布位置见图7.1），选点原则符合各地市均匀分布原则（每1000 km²区域布置1个投样点）及重腐蚀区域布点原则。

图7.1　曝露挂片法挂片及全省布点分布图

2. 计算过程及结果

经1年周期曝露后，取下试片，拍照记录试片表面状态（曝露前后试片对比照片见图7.2），之后将其置于密封袋中保存，一周内进行后处理。

图7.2　经1年期曝露挂片法挂片后的金属表观状态

每种金属的腐蚀速率，按照式（7-4）计算：

$$r_{corr} = \frac{\Delta m}{A \cdot t} \tag{7-4}$$

式中：r_{corr} 为腐蚀速率，g/(m² · a)；Δm 为试片失重，g；A 为试片表面积，m²；t 为曝露时间，a。

腐蚀速率r_{corr}也可用微米每年来表达，按式（7-5）计算：

$$r_{corr} = \frac{\Delta m}{A \cdot \rho \cdot t} \qquad (7-5)$$

式中：ρ为金属密度，g/cm^3；ρ_{Fe}为7.86 g/cm^3、ρ_{Zn}为7.14g/cm^3、ρ_{Cu}为8.96g/cm^3。

不同腐蚀等级标准下，碳钢、锌材、铜材三种金属曝晒第一年的腐蚀速率见表7.10所示，其在浙江省各地市大气环境中曝露1年的腐蚀速率数据及对应的大气腐蚀等级评定结果，见表7.10和表7.11。根据DL/T 1453中相关规定"以多种金属试样进行大气腐蚀环境等级评定时，应取较重的腐蚀等级"，以碳钢、锌、铜中最严重的腐蚀等级作为该地大气腐蚀等级，该原则也符合电力行业对设备耐久性保持一定安全余量的要求。

表7.10　不同腐蚀等级标准金属曝晒第一年的腐蚀速率r_{coor}

等级	金属的腐蚀速率 r_{coor}/（μm/a）		
	碳钢	锌	铜
C1	$r_{coor} \leqslant 1.3$	$r_{coor} \leqslant 0.1$	$r_{coor} \leqslant 0.1$
C2	$1.3 < r_{coor} \leqslant 25$	$0.1 < r_{coor} \leqslant 0.7$	$0.1 < r_{coor} \leqslant 0.6$
C3	$25 < r_{coor} \leqslant 50$	$0.7 < r_{coor} \leqslant 2.1$	$0.6 < r_{coor} \leqslant 1.3$
C4	$50 < r_{coor} \leqslant 80$	$2.1 < r_{coor} \leqslant 4.2$	$1.3 < r_{coor} \leqslant 2.8$
C5	$80 < r_{coor} \leqslant 200$	$4.2 < r_{coor} \leqslant 8.4$	$2.8 < r_{coor} \leqslant 5.6$
CX	$200 < r_{coor} \leqslant 700$	$8.4 < r_{coor} \leqslant 25$	$5.6 < r_{coor} \leqslant 10$

表7.11　碳钢、锌、铜曝露1年的腐蚀速率及腐蚀等级

变电站	所属区域	环境	腐蚀速率/(μm/a)及腐蚀等级			
			碳钢	锌	铜	等级判定
1号楼	杭州市区	市区	26.48（C3）	0.80（C3）	1.01（C3）	C3
闻堰变	萧山区	市区	24.05（C2）	1.15（C3）	2.04（C4）	C4
青云变	临安区	山区	20.18（C2）	1.16（C3）	2.05（C4）	C4
亭山变	富阳区	工业区	41.47（C3）	1.24（C3）	7.38（CX）	CX
瓜沥变	萧山区	城镇	25.75（C3）	1.03（C3）	1.69（C4）	C4
汾口变	淳安县	山区	20.73（C2）	0.99（C3）	1.70（C4）	C4
排岭变	淳安县	山区	15.30（C2）	0.92（C3）	1.93（C4）	C4
建德变	建德市	乡村	16.75（C2）	0.97（C3）	1.81（C4）	C4

续表

变电站	所属区域	环境	腐蚀速率/(μm/a) 及腐蚀等级			
			碳钢	锌	铜	等级判定
乔林变	桐庐县	乡村	19.01（C2）	0.82（C3）	1.22（C3）	C3
方圆变	临安区	山区	17.79（C2）	1.06（C3）	2.17（C4）	C4
黄芝变	湖州市区	乡村	27.60（C3）	1.14（C3）	2.32（C4）	C4
花城变	湖州市区	城镇	30.25（C3）	1.12（C3）	2.36（C4）	C4
甘泉变	长兴县	乡村	29.42（C3）	1.09（C3）	2.05（C4）	C4
昆仑变	长兴县	乡村	28.48（C3）	1.18（C3）	2.57（C4）	C4
昌硕变	安吉县	乡村	29.84（C3）	1.30（C3）	2.79（C4）	C4
吉安变	安吉县	城镇	23.87（C2）	1.16（C3）	2.10（C4）	C4
莫梁变	德清县	乡村	27.77（C3）	1.04（C3）	2.64（C4）	C4
枫树变	莲都区	山区	14.82（C2）	1.01（C3）	0.91（C3）	C3
宏山变	龙泉市	山区	11.49（C2）	0.80（C3）	0.96（C3）	C3
庆元变	庆元县	山区	15.32（C2）	1.24（C3）	2.00（C4）	C4
荷地变	庆元县	山区	12.08（C2）	1.24（C3）	1.26（C3）	C3
睦田变	云和县	山区	20.03（C2）	1.23（C3）	1.58（C4）	C4
景宁变	景宁县	山区	8.97（C2）	1.05（C3）	0.73（C3）	C3
青田变	青田县	山区	19.61（C2）	1.37（C3）	1.27（C3）	C3
温溪变	青田县	山区	21.14（C2）	1.04（C3）	1.30（C4）	C3
龙石变	莲都区	工业区	164.69（C5）	1.49（C3）	13.99（CX）	CX
壶镇变	缙云县	城镇	27.49（C3）	1.26（C3）	1.34（C3）	C3
河阳变	缙云县	乡村	18.32（C2）	0.75（C3）	1.27（C3）	C3
遂昌变	遂昌县	工业区	31.62（C3）	1.19（C3）	1.80（C4）	C4
石练变	遂昌县	乡村	12.55（C2）	0.80（C3）	0.82（C3）	C3
延庆变	松阳县	工业区	39.19（C3）	1.11（C3）	1.68（C4）	C4
松阳变	松阳县	山区	17.24（C2）	0.87（C3）	1.08（C3）	C3
曙光变	温岭市	山区	25.16（C3）	1.02（C3）	2.09（C4）	C4
龙门变	玉环市	乡村	18.75（C2）	1.09（C3）	2.13（C4）	C4
悬渚变	三门县	山区	21.96（C2）	1.14（C3）	2.10（C4）	C4

续表

变电站	所属区域	环境	腐蚀速率/(μm/a)及腐蚀等级			
			碳钢	锌	铜	等级判定
国清变	天台县	城镇	18.86（C2）	1.12（C3）	1.33（C3）	C3
大田变	临海市	山区	24.65（C2）	1.38（C3）	2.27（C4）	C4
安洲变	仙居县	山区	18.64（C2）	1.05（C3）	1.23（C3）	C3
海门变	椒江区	乡村	24.34（C2）	0.99（C3）	2.12（C4）	C4
南竹变	龙游县	乡村	23.94（C2）	1.24（C3）	1.93（C4）	C4
开发变	龙游县	乡村	26.47（C3）	1.24（C3）	1.24（C3）	C3
太真变	衢江区	乡村	28.11（C3）	1.47（C3）	1.37（C4）	C4
崇文变	柯城区	工业区	39.48（C3）	1.71（C3）	1.85（C4）	C4
定阳变	常山县	乡村	25.13（C3）	1.27（C3）	1.23（C3）	C3
清漾变	江山市	工业区	34.78（C3）	1.83（C3）	1.72（C4）	C4
仙霞变	江山市	乡村	33.12（C3）	1.70（C3）	1.94（C4）	C4
古田变	开化县	乡村	17.60（C2）	1.07（C3）	1.25（C3）	C3
马屿变	瑞安市	工业区	44.58（C3）	1.20（C3）	1.74（C4）	C4
白沙变	苍南县	沿海	35.74（C3）	1.27（C3）	2.14（C4）	C4
巨屿变	文成县	山区	19.96（C2）	0.92（C3）	—	C3
泰顺变	泰顺县	山区	14.91（C2）	0.83（C3）	1.20（C3）	C3
月湖变	泰顺县	山区	25.52（C3）	1.01（C3）	2.65（C4）	C4
凤尾变	平阳县	乡村	28.27（C3）	0.99（C3）	5.23（C5）	C5
洋湾变	乐清市	乡村	23.17（C2）	0.73（C3）	1.62（C4）	C4
天河变	龙湾区	工业区	31.33（C3）	0.81（C3）	1.62（C4）	C4
岩头变	永嘉县	乡村	15.01（C2）	1.02（C3）	1.19（C3）	C3
东新变	瑞安市	城镇	40.09（C3）	1.45（C3）	1.73（C4）	C4
里洋变	鹿城区	市区	26.95（C3）	0.89（C3）	1.23（C3）	C3
楠江变	永嘉县	乡村	23.00（C2）	1.11（C3）	1.29（C3）	C3
白泉变	定海区	山区	28.03（C3）	1.06（C3）	2.69（C4）	C4
蓬莱变	岱山县	城镇	29.56（C3）	0.97（C3）	2.56（C4）	C4
渔都变	普陀区	山区	28.84（C3）	1.07（C3）	2.82（C5）	C5

续表

变电站	所属区域	环境	腐蚀速率/(μm/a)及腐蚀等级			
			碳钢	锌	铜	等级判定
昌州变	定海区	城镇	30.32（C3）	1.08（C3）	2.81（C5）	C5
丰安变	浦江县	乡村	19.72（C2）	0.89（C3）	1.29（C3）	C3
东阳变	东阳市	乡村	19.33（C2）	0.98（C3）	1.23（C3）	C3
深泽变	磐安县	山区	17.84（C2）	0.35（C2）	1.29（C3）	C3
方岩变	永康	乡村	23.49（C2）	1.04（C3）	1.32（C4）	C4
温泉变	武义县	乡村	21.41（C2）	0.95（C3）	1.30（C3）	C3
黄村变	婺城区	乡村	22.42（C2）	1.01（C3）	1.21（C3）	C3
曹家变	兰溪市	乡村	23.70（C2）	1.30（C3）	1.93（C4）	C4
仙桥变	金东区	乡村	23.15（C2）	0.96（C3）	1.24（C3）	C3
江湾变	义乌市	乡村	21.29（C2）	1.03（C3）	1.99（C4）	C4
柯岩变	柯桥区	工业区	24.50（C2）	0.80（C3）	1.64（C4）	C4
双桥变	诸暨市	乡村	16.77（C2）	0.78（C3）	1.37（C4）	C4
九里变	越城区	乡村	27.65（C3）	1.04（C3）	1.74（C4）	C4
雅致变	嵊州市	乡村	20.12（C2）	1.06（C3）	1.29（C3）	C3
礼泉变	新昌县	城镇	27.36（C3）	0.89（C3）	1.85（C4）	C4
虞北变	上虞区	乡村	24.73（C2）	0.88（C3）	1.65（C4）	C4
跃龙变	宁海县	城镇	25.39（C3）	0.97（C3）	1.57（C4）	C4
象北变	象山县	山区	25.23（C3）	1.03（C3）	2.14（C4）	C4
新乐变	鄞州区	工业区	25.61（C3）	1.32（C3）	1.60（C4）	C4
芦江变	北仑区	山区	30.13（C3）	0.94（C3）	2.42（C4）	C4
湾塘变	镇海区	乡村	30.87（C3）	1.10（C3）	1.73（C4）	C4
洪塘变	江北区	城镇	27.19（C3）	0.87（C3）	1.69（C4）	C4
达蓬变	慈溪市	工业区	30.06（C3）	1.13（C3）	2.23（C4）	C4
水云变	慈溪市	城镇	24.94（C2）	0.89（C3）	2.04（C4）	C4
溪风变	余姚市	城镇	26.84（C3）	0.85（C3）	1.49（C4）	C4
潮乡变	海宁市	城镇	25.13（C3）	1.09（C3）	1.50（C4）	C4
海塘变	海盐县	城镇	24.37（C2）	1.20（C3）	1.88（C4）	C4

变电站	所属区域	环境	腐蚀速率/(μm/a) 及腐蚀等级			
			碳钢	锌	铜	等级判定
新华变	平湖市	城镇	27.85（C3）	1.12（C3）	2.45（C4）	C4
嘉善变	嘉善县	城镇	24.07（C2）	1.12（C3）	1.61（C4）	C4
南湖变	南湖区	城镇	25.34（C3）	1.27（C3）	1.72（C4）	C4
禾城变	秀洲区	市区	23.76（C2）	0.77（C3）	1.87（C4）	C4
凤鸣变	桐乡市	城镇	27.81（C3）	1.04（C3）	1.11（C3）	C3
柏树变	路桥区	乡村	26.34（C3）	1.04（C3）	2.13（C4）	C4
麦屿变	玉环市	沿海	26.52（C3）	1.14（C3）	2.28（C4）	C4
古越变	柯桥区	工业区	27.76（C3）	1.07（C3）	2.34（C4）	C4
凤仪变	诸暨市	乡村	18.23（C2）	0.93（C3）	1.20（C3）	C3

统计上表中各地区的腐蚀等级可知，在获得有效数据的98个测试点中，其中C3等级大气环境点31个，C4等级大气环境点62个，C5等级大气环境点3个，CX等级大气环境点2个。DL/T 1424、DL/T 1453、Q/GDW 11717等现行标准规定，符合GB/T 19292.1规定的大气腐蚀性等级C4及以上的环境，为重腐蚀环境。可见，在浙江省98个曝露法测试点中，重腐蚀环境占比为66%。

7.1.4 腐蚀源数据来源及加权

环境因素采集法、曝露挂片法等方法在评价数据采集点的大气腐蚀等级时准确有效，但当其用于绘制大区域面积的腐蚀地图时，存在监测点数不足，无法灵敏检测腐蚀源影响等问题。因此，为提高大区域腐蚀地图的准确性，应根据腐蚀源特点在传统数据采集方法基础上，考虑小区域环境内大气腐蚀等级的加权。

现阶段，大气腐蚀等级分布图中考虑的腐蚀源主要以工业腐蚀源为主，不包括其他形式的人为活动腐蚀源（如交通运输腐蚀源、服务业腐蚀源、农业腐蚀源、生活腐蚀源等）。工业腐蚀源主要包括化工、石化、炼油、冶金、建材、热电厂、矿场等。工业腐蚀源目前影响半径考虑3 km，核心影响区半径为1 km；自然腐蚀源目前仅考虑海洋环境。自然腐蚀源（海洋）影响范围为距海岸线5 km，核心影响区半径为距海岸线2 km内。

在腐蚀源影响范围内，大气腐蚀源含量超过GB/T 19291.1规定范围时，应将相应的大气腐蚀等级相对于基准等级至少提高1个等级。具体为：当某一区域

（如工业腐蚀源半径3 km内）同时存在2个及以上腐蚀源时，建议将腐蚀源影响范围内大气腐蚀等级提高2个等级；存在1个腐蚀源时，建议将腐蚀源影响范围内腐蚀等级提高1个等级。

2018年初步收集的浙江省典型工业腐蚀源信息资料如表7.12所示。在今后修编腐蚀等级分布图过程中，应重点结合腐蚀源变化情况进行相应的修订。

表7.12　浙江省典型工业腐蚀源信息

总序号	地市公司	腐蚀源名称	所在位置
1	杭州	半山电厂	杭州市康桥镇
2	杭州	红宝电厂	萧山区红山农场
3	杭州	开发区热电厂	萧山区北干街道
4	杭州	绿能电厂	萧山区蜀山街道
5	杭州	萧山电厂	萧山区临浦镇
6	杭州	天子岭垃圾电厂	余杭区崇贤镇
7	杭州	信雅达热电厂	桐庐县横村镇
8	湖州	长兴电厂	长兴县
9	湖州	统一能源热电厂	吴兴区杨家埠
10	湖州	长广电厂	长兴县小浦镇
11	湖州	南方水泥厂	长兴县吕山乡
12	金华	空心砖作坊	东阳市横店镇
13	金华	墓碑雕刻厂	东阳巍山镇
14	金华	水泥厂	婺城区竹马乡
15	金华	砖瓦场	婺城区蒋堂镇
16	金华	砖瓦厂	婺城区苏孟乡
17	嘉兴	中华化工厂	南湖区大桥镇
18	嘉兴	嘉爱斯热电厂	秀洲区油车港镇
19	嘉兴	锦江热电厂	秀洲区王江泾镇
20	嘉兴	嘉兴钢铁厂	南湖区新丰镇
21	嘉兴	晓星化工厂	嘉兴经济开发区
22	嘉兴	民丰造纸厂	南湖区角里街
23	嘉兴	南方水泥厂	嘉善县陶庄镇
24	嘉兴	桐燃发电厂	桐乡市洲泉镇
25	丽水	纳爱斯化工厂	莲都区水南村

总序号	地市公司	腐蚀源名称	所在位置
26	宁波	北仑电厂	北仑区新碶街道
27	宁波	镇海电厂	镇海区蛟川街道
28	宁波	镇海炼化	镇海区蛟川街道
29	宁波	宁海强蛟电厂	宁海县强蛟镇
30	宁波	宁波乌沙山电厂	宁海县西周镇
31	宁波	久丰热电	镇海蟹浦
32	宁波	中科绿色电力有限公司	镇海
33	宁波	镇海联合发电有限公司	镇海区蛟川街道
34	宁波	宁波枫林绿色能源开发有限公司	鄞州区
35	宁波	慈溪中科众茂环保热电有限公司	慈溪市
36	宁波	宁波绿源天然气电力有限公司	鄞州区
37	宁波	宁波明州热电有限公司	鄞州区
38	温州	乐清市污水处理厂	乐清市磐石镇
39	温州	温州永强垃圾发电有限公司	龙湾区永强
40	温州	温州浙东水泥制品有限公司	龙湾区沙城镇
41	温州	温州燃机发电有限公司	龙湾区瑶溪镇
42	温州	温强工程建设开发有限公司	龙湾区瑶溪镇
43	温州	温州新恒利来制革有限公司	龙湾区永强
44	温州	温州宏康陶瓷有限公司	龙湾区永强
45	温州	温州市宏源建材有限公司	温州黄屿
46	温州	涂田工业区	温州商务变
47	舟山	舟山发电厂	定海区白泉镇
48	舟山	六横发电厂	普陀区六横镇
49	舟山	金海湾造船厂区	岱山县长涂镇
50	舟山	长虹国际造船厂区	定海区小沙镇
51	衢州	南方水泥厂	常山县辉埠镇
52	衢州	衢化公司	衢州市柯城区花园街道
53	衢州	元立公司	衢州市黄家
54	衢州	虎霸水泥厂	江山市贺村镇
55	衢州	虎子水泥厂	江山市双塔街道
56	台州	台州市椒江热电有限公司	椒江岩头

续表

总序号	地市公司	腐蚀源名称	所在位置
57	台州	浙江黄岩热电有限公司	黄岩区
58	台州	浙江红石梁集团热电有限公司	天台县
59	台州	浙江仙居热电有限公司	仙居县
60	台州	台州森林造纸有限公司	温岭市滨海镇
61	台州	临海市伟明环保能源有限公司	临海市
62	台州	玉环伟明环保能源有限公司	玉环
63	台州	温岭瀚洋资源电力有限公司	温岭市

7.1.5 铁塔不同高度挂片

分别在宁波北仑和镇海110 kV、220 kV、500 kV的不同电压等级的6座铁塔处进行挂片，从最高位置选取3点相对高度：最高点、中间点、低点。其挂片照片见图7.3。

图7.3　220 kV北邬××××线3号输电铁塔挂片照片

7.1.6 运行经验来源及加权

由环境因素法、曝露挂片法绘图，并进行腐蚀源加权后，大气腐蚀等级分布图基本已成型。但仍然会由于信息采集不足等原因造成对局部微环境内腐蚀等级的误判，因而根据运行经验（金属设备的实际服役中的腐蚀情况）进行腐蚀等级地图的修正及仲裁十分必要。

电力行业标准中规定，对于新建电力设备在6年内即发生重腐蚀的地区（半径3 km，与工业腐蚀源一致），可判定为CX腐蚀环境；10年内发生重腐蚀的地区，可判定为C5腐蚀环境；15年内发生重腐蚀的地区，可判定为C4腐蚀环境。具体操作流程为：结合每年设备腐蚀监督情况，排查电网设备腐蚀案例，对于发生的重点腐蚀案例，查找设备投运时间及以往维护记录，由此对所处大气环境进行等级判定。当发现重腐蚀案例后，划定设备所处区域半径3 km内范围为该等级大气腐蚀区域，由此对大气腐蚀等级地图进行加权修正。

根据2017年国网运检部关于输变电设备腐蚀调研工作的要求，国网浙江省电力有限公司开展了对全省输变电设备腐蚀的调研，共发现252起典型腐蚀案例。根据本节关于运行经验来源及加权的原则，总结归纳出表7.13所示加权数据。

表7.13 运行经验来源及加权

所属地市	变电站/线路	腐蚀情况	发生重腐蚀年限	等级判定
杭州市富阳区	110 kV华共变	变压器、构支架等严重腐蚀	10年内	C5
杭州市桐庐县	110 kV分水变	变压器、构支架等严重腐蚀	15年内	C4
杭州市富阳区	临江××××线	杆塔金具等部件重度腐蚀	10年内	C5
杭州市萧山区	瓜东××××线	杆塔主材重度锈蚀	15年内	C4
湖州市安吉县	220 kV吉安变	法兰、支架重度腐蚀	15年内	C4
湖州市吴兴区	220 kV长超变	变压器、构支架等严重腐蚀	15年内	C4
湖州市	220 kV花城变	变压器、构支架等严重腐蚀	15年内	C4
嘉兴市平湖市	110 kV园区变	构支架严重腐蚀	15年内	C4
嘉兴市秀洲区	店新×××线	杆塔严重腐蚀	10年内	C5
金华市磐安县	110 kV冷水变	变压器、构架腐蚀严重	10年内	C5
金华市浦江县	220 kV丰安变	变压器、构架腐蚀严重	10年内	C5
金华市磐安县	石安×××线	杆塔明显腐蚀	15年内	C4
金华市武义县	温明××××线路	杆塔明显腐蚀	6年内	CX
金华市永康市	方壶×××线	杆塔严重腐蚀	15年内	C4
宁波市奉化区	110 kV大桥变	构支架腐蚀严重	10年内	C5

续表

所属地市	变电站/线路	腐蚀情况	发生重腐蚀年限	等级判定
宁波市余姚市	220 kV 梨洲变	GIS、箱体、构支架明显腐蚀	6年内	CX
宁波市北仑区	新邬××××线	杆塔严重腐蚀	6年内	CX
绍兴市柯桥区	220 kV 滨海变	支撑架、闸刀腐蚀严重	10年内	C5
绍兴市上虞区	220 kV 上虞变	支撑架、箱体、闸刀腐蚀严重	6年内	CX
绍兴市柯桥区	齐露××××线	杆塔腐蚀严重	15年内	C4

7.1.7 绘图程序

1. 底图绘制

素色底图绘制满足如下要求：

• 底图上应绘制电网地理接线图，标明输电线路、变电站（换流站）、发电厂符号及名称。

• 绘制220 kV及以上电网地理接线图。

2. 现场腐蚀等级分布图绘制

现场腐蚀等级分布图绘制满足如下要求：

• 根据环境因子数据收集点的经纬度信息进行绘图定位，将计算得到的金属腐蚀速率对应大气等级标注于底图上；每个数据点可代表的区域不大于 $1\,000\,km^2$。

• 根据曝露挂片法挂片点的经纬度信息进行绘图定位，将曝露试验获得的金属腐蚀速率对应大气腐蚀等级标注于底图上；每个数据点可代表的区域不大于 $1\,000\,km^2$。

• 根据新建设备发生重腐蚀案例点的经纬度信息进行绘图定位，并将判定的大气腐蚀等级标注于底图上；每个数据点可代表的区域半径为3 km。

• 重叠区域的边界处理可按数据优先级确定。上述数据的优先级为"重腐蚀案例点数据"→"曝露挂片法挂片点数据"→"环境因子数据"。

3. 腐蚀源分布图绘制及加权

腐蚀源分布图绘制满足如下要求：

• 根据调研的腐蚀源经纬度信息进行绘图定位，将判定的大气腐蚀等级标注于底图上；每个工业污染源数据点可代表的区域半径为3 km，自然污染源（海洋）可代表区域为离海岸线5 km内。

• 可通过收集气象数据，对腐蚀源信息进行校核。

• 通过将"腐蚀源分布图"与"现场腐蚀等级分布图"进行叠加，实现大气腐蚀等级分布图的加权。

4. 运行经验判定及加权

由运行经验获得的新建设备发生重腐蚀案例，用于判定所在区域大气腐蚀等级之后，可具备以下应用：

• 直接用于现场腐蚀等级分布图的绘制；

• 用于"腐蚀源分布图"与"现场腐蚀等级分布图"差异区域的判定及仲裁。

5. 绘图流程及等级取值

地图绘制流程如图7.4所示。

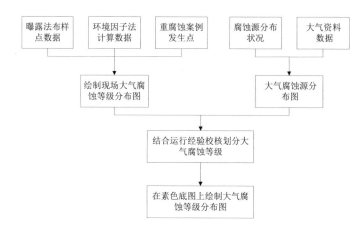

图7.4　大气腐蚀等级分布图绘制流程

高精度浙江省大气腐蚀地图绘制过程中，各绘图要素的取值原则如表7.14所示。

表7.14　绘图要素的取值原则

绘图要素	代表范围	腐蚀等级取值原则	优先级
环境因子计算数据	$<1\,000\,\text{km}^2$	由计算结果查表确定	低
曝露挂片法挂片数据	$<1\,000\,\text{km}^2$	多种金属布样时，取其中最高等级	中
工业腐蚀源	半径$<3\,\text{km}$	a）离多个腐蚀源1 km内评定为CX腐蚀环境 b）离多个腐蚀源1～3 km内评定为C5腐蚀环境 c）离单个腐蚀源1～3 km内评定为C4腐蚀环境	中

续表

绘图要素	代表范围	腐蚀等级取值原则	优先级
自然污染源（海洋）	离海岸线 5 km内	a）离海岸线 1 km 内评定为CX腐蚀环境 b）离海岸线 1 ~ 5 km 内评定为C5腐蚀环境	中
运行经验（重腐蚀案例）	半径<3 km	a）6年内即发生重腐蚀的地区，可判定为CX腐蚀环境 b）10年内发生重腐蚀的地区，可判定为C5腐蚀环境 c）15年内发生重腐蚀的地区，可判定为C4腐蚀环境	高

7.1.8 高精度浙江省大气腐蚀地图

为便于公司系统内用户获取大气腐蚀等级基础性数据，国网浙江省电力有限公司已委托杭州意能软件公司将大气腐蚀等级地图在公司内网中实现可视化展示。内网访问地址为：http://10.136.212.25:18080/corrosion/#/。

由图7.5可见，针对浙江电网而言：①大部分电力工程均处于C4及以上等级大气环境之中，即处于所谓的重腐蚀大气环境之中。②浙江由于工业企业众多，腐蚀源对周边电力工程和大气环境影响较大，将直接影响电力设备服役安全。③浙江舟山电网、近海地区电网均处于C5级重腐蚀环境中；受工业企业排放影响，杭州电网、丽水电网均有电力工程处于CX重腐蚀大气环境之中。浙江电网已发生众多重腐蚀大气环境下电力设备的腐蚀案例，加强设备腐蚀防护具有显著的实际意义。

图7.5　国网浙江电力大气腐蚀等级分布图

7.2 大气腐蚀在线监测技术开发及应用

7.2.1 典型材料大气腐蚀性模型解析

ACM技术就是通过测量曝露在大气中的腐蚀原电池的电流及电流积分来监测大气腐蚀性，研究金属在不同环境中的大气腐蚀行为。按照电化学原理，金属腐蚀量（WMe）与腐蚀电流（I）和相应时间（t）成正比。若以ACM测量累积的电量（Qg）表示理论腐蚀电量，则有：

$$WMe=KMe \cdot Qg \tag{7-6}$$

金属的大气腐蚀绝大部分是以表面液膜中的O_2作为去极化剂，在电偶表面上，去极化剂的阴极还原反应速度均由扩散过程控制，阴极反应的电流密度等于极限扩散电流密度I_L，金属1（M_1）和金属2（M_2）形成电偶前的腐蚀电流密度：

$$I_{corr1} = I_L \tag{7-7}$$

形成电偶后，外电路所测电流为：

$$i_g = A_2 I_L = A_1(I_{a1} - I_L) \tag{7-8}$$

式中，A_1、A_2为金属1和金属2电极曝露在大气中的表面积。

阳极溶解电流密度为：

$$I_{a1}=I_L(1+\frac{A_2}{A_1}) =I_{corr1}(1+\frac{A_2}{A_1}) \tag{7-9}$$

如果阴、阳极面积相等，则 $I_{a1}= 2I_L= 2I_{corr1}$ (7-10)

从外电路测得的阳极电流密度I_g，

$$I_g = \frac{i_g}{A_1} = I_L \frac{A_2}{A_1} \tag{7-11}$$

如果阴、阳极面积相等，则 $I_g =I_L=I_{corr1}$ (7-12)

根据外电路所测电偶电流i_g，计算腐蚀失重 ΔM_{i_g}，i_g-t曲线下积分面积乘以电化学当量E_q，就是t时间内，Cu-Fe电极上阳极腐蚀失重。

$$\Delta M_{i_g} = E_q \int_0^t I_{a1}\mathrm{d}t = 2E_q \int_0^t I_{corr1}\mathrm{d}t = 2E_q \int_0^t I_g\mathrm{d}t \tag{7-13}$$

其中：电化学当量$E_q=M/nF=2.9 \times 10^{-4}$(g/C)，$M$为阳极材料的原子量（g/mol），$n$为阳极材料的电荷转移数，F为法拉第常数，取96500（C/mol）。

获得等效腐蚀失重ΔM_{i_g}后，进一步按照式（7-14）计算被测材料的平均腐蚀速率v。

$$v = \frac{\Delta M_{i_g}}{\rho A t} \times 10^4 \qquad (7-14)$$

其中：v为平均腐蚀速率，μm/a；ρ为被测金属材料的密度，A为被测金属材料在传感器表面的曝露总面积，该系统中的A为2.0 cm^2；t为监测总时长，a。

获得平均腐蚀速率v后，根据表7.15所示环境腐蚀等级评价指导值进行判断，确定所测环境的腐蚀等级。

表7.15 大气腐蚀等级评价指导值

等级	金属的腐蚀速率 r_{corr}				
	单位	碳钢	锌	铜	铝
C1	g/(m^2·a)	$r_{corr} \leq 10$	$r_{corr} \leq 0.7$	$r_{corr} \leq 0.9$	忽略
	μm/a	$r_{corr} \leq 1.3$	$r_{corr} \leq 0.1$	$r_{corr} \leq 0.1$	
C2	g/(m^2·a)	$10 < r_{corr} \leq 200$	$0.7 < rcorr \leq 5$	$0.9 < r_{corr} \leq 5$	$r_{corr} \leq 0.6$
	μm/a	$1.3 < r_{corr} \leq 25$	$0.1 < r_{corr} \leq 0.7$	$0.1 < r_{corr} \leq 0.6$	—
C3	g/(m^2·a)	$200 < r_{corr} \leq 400$	$5 < r_{corr} \leq 15$	$5 < r_{corr} \leq 12$	$0.6 < r_{corr} \leq 2$
	μm/a	$25 < r_{corr} \leq 50$	$0.7 < r_{corr} \leq 2.1$	$0.6 < r_{corr} \leq 1.3$	—
C4	g/(m^2·a)	$400 < r_{corr} \leq 650$	$15 < r_{corr} \leq 30$	$12 < r_{corr} \leq 25$	$10 < r_{corr} \leq 200$
	μm/a	$50 < r_{corr} \leq 80$	$2.1 < r_{corr} \leq 4.2$	$1.3 < r_{corr} \leq 2.8$	—
C5	g/(m^2·a)	$650 < r_{corr} \leq 1500$	$30 < r_{corr} \leq 60$	$25 < r_{corr} \leq 50$	$5 < r_{corr} \leq 10$
	μm/a	$80 < r_{corr} \leq 200$	$4.2 < r_{corr} \leq 8.4$	$2.8 < r_{corr} \leq 5.6$	—
CX	g/(m^2·a)	$1500 < r_{corr} \leq 5500$	$60 < r_{corr} \leq 180$	$50 < r_{corr} \leq 90$	$r_{corr} > 10$
	μm/a	$200 < r_{corr} \leq 700$	$8.4 < r_{corr} \leq 25$	$5.6 < r_{corr} \leq 10$	

7.2.2 典型材料大气腐蚀速率传感器的设计及验证

1. 典型材料大气腐蚀速率传感器的设计原理

典型材料大气腐蚀速率传感器的设计原理为ACM技术，采用了不同金属材质的电极耦合，构成电偶接触型或外加电压的原电池。这种电偶腐蚀原电池中，两种不同腐蚀电位的材料在电介质里，直接或者经过其他导体间接形成电连接，使电流从一种材料经过电介质流向另一种材料，致使电位较低的材料由于和腐蚀电位较高的材料耦合而产生阳极极化，其结果是阳极发生溶解；而电位较高的材料由于和电位较低的材料耦合而产生阴极极化，结果是溶解得到抑制，材料受到保护。传感器原理如图7.6所示。通过测量曝露在大气中电极耦合传感器的电偶腐蚀电流来监测大气腐蚀性，研究金属在不同环境中的大气腐蚀行为。

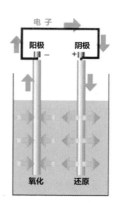

图7.6　大气腐蚀速率传感器原理

按照不同金属材质间的电极耦合，构成电偶接触型原电池的原理设计了大气腐蚀传感器的测量元件结构，如图7.7所示。其中A电极作为被研究电极，采用碳钢、锌、铜、铝等材料制作而成；C电极作为对电极，采用惰性金属材料或在大气环境中自腐蚀电位高于研究材料的金属材料制作。A、C电极各4片，采用$ACAC$顺序排列。两电极间采用绝缘膜隔离。测量时确保每个电极曝露面在一个水平面上。

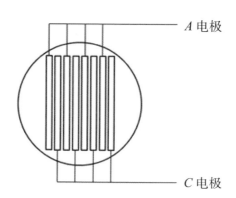

图7.7　大气腐蚀传感器的测量元件结构

2. 大气腐蚀速率传感器绝缘膜厚度的设计与测试

现有的文献大多是将ACM技术作为一种研究手段对不同材料在不同环境中的腐蚀行为展开研究，重在研究材料在环境中的腐蚀行为，而对于传感器本身开展的研究较少。目前，传感器在制备过程中的多项关键技术指标如电极表面积、电极间绝缘膜厚度等，仍依据经验给出，缺少科学系统的研究及标准。本次针对电极间绝缘膜厚度对传感器测量效果的影响进行了研究，得出了适用于长期户外现场监测的传感器的最佳绝缘膜厚度范围，规范了传感器制作过程中的关键技术参数，为传感器的制备提供指导。本次研究成果在实验室和沈阳地区户外大气环境中进行了现场测试。

（1）传感器的制备。

试验用双电极原电池传感器选用5A06铝合金作为研究电极材料，2205不锈钢材料作为对电极材料，单片电极曝露面积为20 mm×2.5 mm，每个传感器使用8片电极，研究电极和对电极各4片，按照$ACAC$顺序排列，相邻两电极间用绝缘膜进行电学隔离，相同材料的电极用铜导线连接在一起，电极除测试面外其余部分采用环氧树脂密封，如图7.8所示。制备了3种不同绝缘膜厚度的双电极原电池传感器，绝缘膜厚度分别为0.35mm、0.5mm和0.8mm。

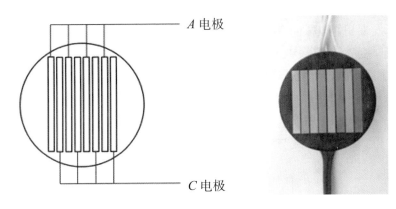

图7.8 双电极电池结构

（2）盐雾试验。

中性盐雾环境腐蚀试验在Q-fog盐水喷雾试验箱中进行，试验过程参考GJB 150.11A—2009。试验溶液使用质量分数为5%±1%的NaCl水溶液。周期喷雾复合腐蚀试验过程以喷雾24 h、干燥24 h为一个周期，试验共进行2个周期。喷雾阶段试验箱温度为35℃±2℃，沉降量1~3 ml/（80 cm^2·h），干燥阶段温度15~30℃，湿度50%以下。使用中国科学院金属研究所研制的ACM-400大气腐蚀测量仪进行ACM电流的检测，仪器测量精度为6~10 mA，电流采集频率为30 s/次。传感器测量表面与水平面约成45°角。每种传感器设置3个平行试样。同时，设置尺寸为50 mm×40 mm×4 mm的5A06铝合金腐蚀试片用于验证传感器与腐蚀挂片的相关性，挂片取样周期分别为4 h、8 h、16 h、24 h。每组测试设置

3个平行试样。试片腐蚀后进行腐蚀产物清洗、称重，然后计算腐蚀失重。

（3）绝缘膜厚度对传感器可靠性的影响。

绝缘膜厚度是影响传感器可靠性的关键因素。传感器的制作须经过电极镶嵌、表面研磨、抛光等过程，若绝缘膜厚度太小，则会增加制作中发生电极间短路的概率，增大废品率；传感器在使用过程中常常会有腐蚀产物或大气中的固体颗粒堆积于测试面情况发生，若绝缘膜厚度太小，同样会增加传感器使用中由于腐蚀产物等引起的电极间短路失效的概率。因此，绝缘膜厚度不宜太小。相反，若绝缘膜厚度太大，又会由于输出电流太小而提高测量设备对测量精度的要求。根据经验值，适宜的绝缘膜厚度应为0.3~1 mm。

对绝缘膜厚度分别为0.35 mm、0.5 mm、0.8 mm的传感器进行干湿交替盐雾腐蚀测试。试验结束后，采用万用表分别检测传感器在腐蚀产物清洗前和腐蚀产物清洗后相邻电极间的电学状态。检测结果显示，腐蚀产物清洗前和腐蚀产物清洗后均未发现相邻电极间有短路现象发生，传感器各电学状态均正常。表明这几种绝缘膜厚度的传感器均具有较高的可靠性，可用于大气腐蚀监测工作。

（4）绝缘膜厚度对传感器敏感性的影响。

在盐雾腐蚀试验过程中，监测3种传感器的腐蚀电流变化曲线如图7.9所示，并分别记录不同绝缘膜厚度的传感器在喷雾阶段和干燥阶段稳定后的腐蚀电流值的大小，得到绝缘膜厚度与稳定腐蚀电流关系图谱，如图7.10所示。

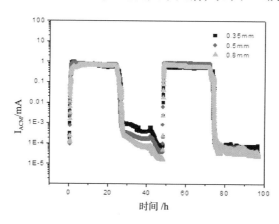

图7.9　盐雾腐蚀试验过程中腐蚀电流监测曲线

从图7.9可以看出，在整个试验过程中3种传感器所测得腐蚀电流变化规律基本相同，腐蚀电流随"湿润-干燥"交替过程出现周期性变化特点。当环境发生转变时，腐蚀电流可以随着环境湿度的变化做出快速、连续的响应，表明传感器可以很好地跟踪环境变化引起的材料腐蚀效应变化情况，且具有较高的敏感性和很好的稳定性。

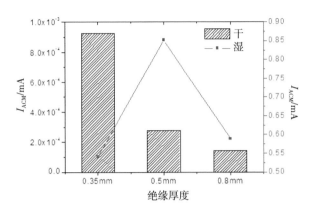

图7.10　不同绝缘膜厚度的传感器在不同盐雾环境测试阶段的腐蚀电流值大小

从图7.10中可知，在干燥阶段，各传感器稳定后的腐蚀电流为10^{-4} mA数量级，且腐蚀电流随电极间绝缘膜厚度的增大而降低；在喷雾阶段，传感器稳定后的腐蚀电流在0.5~0.9 mA范围内。喷雾阶段与干燥阶段不同，传感器稳定后的腐蚀电流并非随绝缘膜厚度的增大单调变化，而是呈抛物线形变化规律，在绝缘膜厚度为0.5 mm处出现极大值，最大腐蚀电流达到0.85 mA。这是由于传感器有效测试面积和绝缘膜厚度综合影响的结果，即传感器有效测试面积越大，测试面上的有效电解质就越多，其腐蚀电流将越高；而两个相邻异种金属电极间隔越大，电子流过的路径越长，电流越小。

以上测试结果表明，在不同的环境湿度情况下，传感器的最佳绝缘膜厚度是不同的。在湿度较低的检测环境中，绝缘膜厚度越小，传感器的敏感性越好；而在湿度较高的检测环境中，传感器的敏感性在绝缘膜厚度为0.5 mm时较好。考虑到户外大气环境复杂多变，传感器在使用过程中可能经历雨、雪、风、霜等恶劣环境，因此，综合以上测试结果和经验值，给出适用于长期户外现场检测的传感器的最佳绝缘膜厚度范围为0.3~0.5 mm。

（5）传感器与腐蚀挂片的相关性。

对比分析盐雾试验喷雾阶段传感器的监测结果与腐蚀挂片测试的结果，研究传感器与腐蚀挂片的测试相关性。24 h喷雾阶段的腐蚀电流监测曲线如图7.11所示。从图7.11可知，整个测试过程中腐蚀电流基本稳定，表明在喷雾阶段材料的腐蚀速率相对恒定。

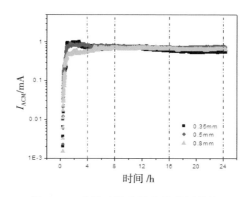

图7.11 喷雾阶段腐蚀电流监测曲线

根据腐蚀电流i_g监测曲线，分别计算出4 h、8 h、16 h、24 h内的累积腐蚀电量Q和等效腐蚀失重量，并与腐蚀挂片测试结果进行对比，结果如图7.12所示。

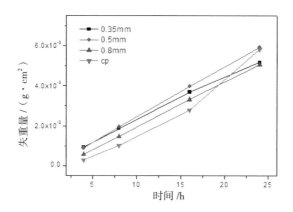

图7.12 传感器与腐蚀挂片测试结果对比分析图

从图7.12中可以看出，3种传感器与腐蚀挂片检测结果基本一致，均表现出腐蚀失重量随测试时间增加呈线性增长关系。两种测试方法测得的结果均表明传感器与腐蚀挂片具有很好的线性相关性。

（6）现场测试。

图7.13为传感器在国家材料环境腐蚀野外科学研究试验站网沈阳大气站现场测试曲线。从监测曲线来看，腐蚀电流与环境温度、环境湿度同步变化，受环境温度和环境湿度共同作用的影响；但在被测环境湿度（35%～50%）范围内，腐蚀速度受环境温度影响更为明显。环境温度在日落后缓慢降低，湿度也随之逐渐增大，腐蚀电流同步逐渐减低；进入深夜，温度降到最低，此时腐蚀电流也达到最小值；清晨太阳升起，环境温度回升，湿度缓慢下降，腐蚀电流快速上升，这

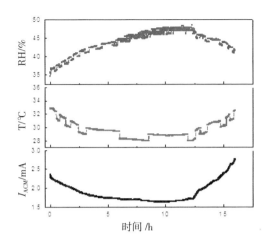

图7.13　传感器在大气站现场测试曲线

是因为环境湿度的下降速度远小于环境温度的上升速度；在试验结束时刻的环境温度、湿度均处于相对较高的状态，因此此刻腐蚀电流值达到最大值。整个监测过程中腐蚀电流在毫安级变化，大气腐蚀性较弱。现场测试结果表明，ACM技术及传感器可以很好地应用于户外大气环境的腐蚀监测和研究。

小结：

• 双电极原电池传感器可适用于长期户外大气环境腐蚀监测，最佳绝缘膜厚度范围为0.3～0.5 mm；

• 双电极原电池传感器与腐蚀挂片测得的结果具有很好的线性相关性；

• 双电极原电池传感器具有较高的可靠性，能够适应户外大气环境复杂多变的监测条件，可以很好地应用于户外大气环境的腐蚀监测和研究。

3. 集成式大气腐蚀速率传感器结构设计

集成式大气腐蚀速率传感器包含了3种不同材料（碳钢、铝、铜）的腐蚀监测模块和环境温湿度监测模块，3种不同材料的腐蚀监测模块布置在传感器的测量面上，如图7.14所示，而环境温湿度测量模块布置在测量面的背面。所有测量模块由信号线缆接出信号，只保留测量面或测量孔曝露在空气中，其余部分用环氧树脂进行密封防护处理。

集成式大气腐蚀速率传感器设计有可调整角度的连接转子和"L"形安装支架。连接转子可以根据测量需求对传感器测量面角度进行调整。集成式大气腐蚀速率传感器整体可进行更换，方便维护。集成式大气腐蚀速率传感器实物如图7.15所示。

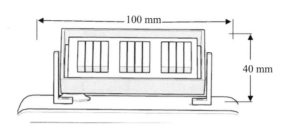

图7.14　集成式大气腐蚀速率传感器结构设计图

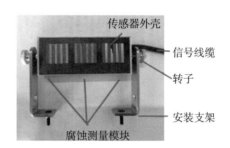

图7.15　集成式大气腐蚀速率传感器实物图

7.2.3 智能大气腐蚀监测仪器设计及现场应用

1. 设计思路与关键技术

智能大气腐蚀监测仪器的设计思路和原理如图7.16所示，内容包括仪器测量模块研发、数据传输技术研究和测量仪结构设计。各部分关键技术和设计需求及拟解决方案如下：

（1）电偶腐蚀电流检测模块开发设计需求和拟解决方案：

- 选择低噪声、低偏置电流运放；

- 24位$\Sigma-\Delta$模数转换器；

- 8通道同步数据采集系统（DAS），器件内置模拟输入箝位保护、二阶抗混叠滤波器、跟踪保持放大器。

（2）无线数据传输技术研发设计需求和拟解决方案：

- 低功耗、长距离通信；

- 采用跳频和时钟同步技术相结合，构建数据稳定传输的无线网络。

（3）测量仪结构设计需求和拟解决方案：

- 防护要求达到IP65；

- 配置开关按键、外接天线和安装支架。

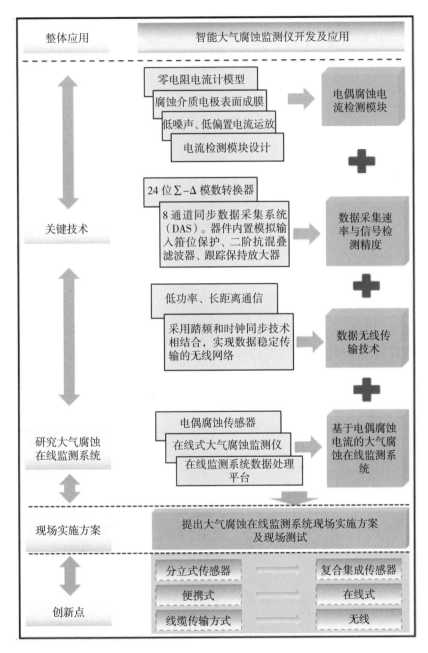

图7.16 智能大气腐蚀监测仪器的设计思路和原理

智能大气腐蚀监测仪的工作流程设计如图7.17所示，可实现仪器自动自检、按照设计时间自动采集数据。

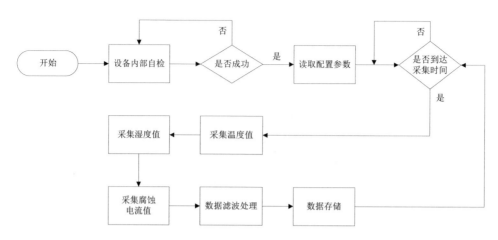

图7.17 多功能大气腐蚀监测仪工作流程图

2. 电路设计

（1）总体设计。

智能大气腐蚀监测仪首先需要将从3种金属材料腐蚀传感器和探头采集到的数据输入模数转换模块，将采集来的模拟信号转换成数字信号后连同温度和湿度一同传输给中央处理器进行数据处理。中央处理器将收集来的各指标的数字信号进行内部程序运算后，最终将测试结果通过无线模块输出。总体电路设计原理如图7.18所示。

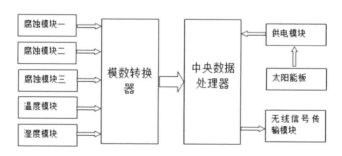

图7.18 总体电路原理图

图7.19所示为测试原理走线总图，图中显示了各模块的分布情况和模块间的电路连接关系。图7.20～图7.22分别为各模块图。

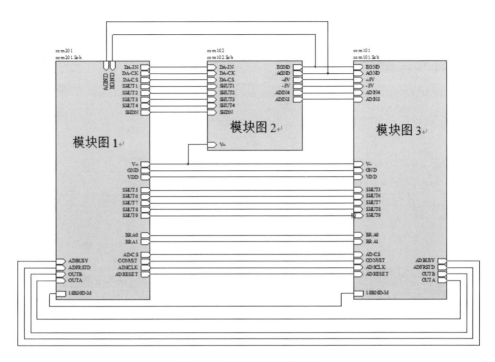

图 7.19　测试原理走线总图

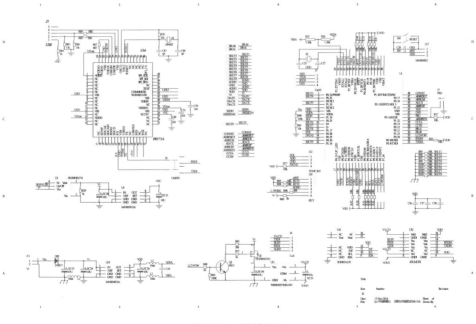

图 7.20　模块图 1

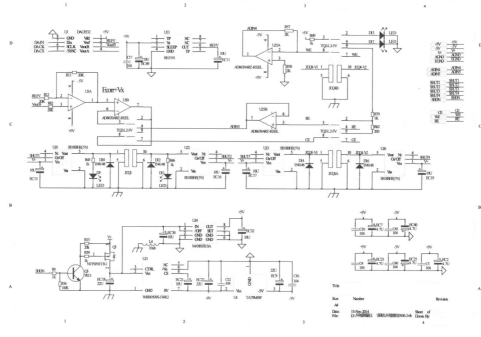

图7.21　模块图2

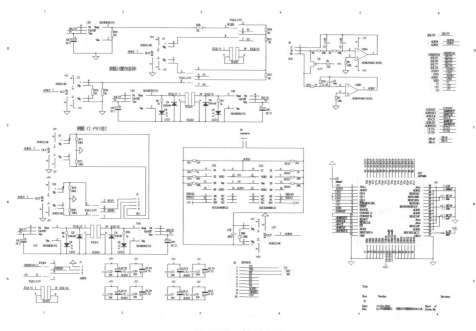

图7.22　模块图3

（2）单元电路设计。

大气温湿度检测电路设计。采用集成温湿度传感器SHT75探测大气温湿度，传感器与模数转换器连接如图7.23所示。SHT75传感器将传感元件和信号处理电路集成在一块微型电路板上，输出完全标定的数字信号。传感器包括一个电容性聚合体测湿敏感元件、一个测温元件，并在同一芯片上，与14位的模数转换器及串行接口电路实现无缝连接。该传感器具有品质卓越、响应迅速、抗干扰能力强等优点。SHT75在FR4的衬底上引出插针，便于集成和互换。

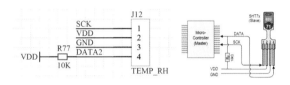

图7.23 大气温湿度检测电路设计原理图

腐蚀电流检测电路设计。腐蚀电流测量范围较宽，从1 nA至10 mA。为了使测量更加准确、精度更高，需要信号经模拟开关ADG1604BRUZ进行4级自动量程选择，对测试信号进行处理，以达到仪表运放AD8221输入级，经过ADG1604BRUZ自动量程选择后，ACM电流测试范围可拓宽为1 nA～10 mA。ADG1604BRUZ具有低导通电阻、低漏电流，可以把模拟开关带来的影响减小到毫安级。大气ACM电流测试电路原理如图7.24所示，ADG1604BRUZ性能指标如表7.16所示。

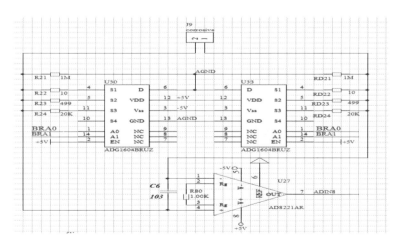

图7.24 大气ACM电流测试电路原理图

表7.16　ADG1604BRUZ性能指标

参数	25℃	-40℃ ~ +85℃	-40℃ ~ +125℃	单位	试验条件
模拟开关					
模拟信号范围			VDD to VSS	V	
导通电阻（R_{CN}）	1			Ω typ	$V_S=\pm4.5V$, $I_S=-10$ mA
	1.2	1.4	1.6	Ω max	$V_{DD}=\pm4.5V$, $V_{SS}=-10$ mA
通道间导通电阻（$\triangle R_{CN}$）	0.04			Ω typ	$V_S=\pm4.5V$, $I_S=-10$ mA
	0.08	0.09	0.1	Ω max	
导通电阻平坦度（$R_{FLAT(ON)}$）	0.2			Ω typ	$V_S=\pm4.5V$, $I_S=-10$ mA
	0.25	0.29	0.34	Ω max	
泄漏电流					$V_{DD}=\pm5.5V$, $V_{SS}=-5.5$mA
源极电流，I_S(Off)	± 0.1			nA typ	$V_S=\pm4.5V$, $V_D=\pm4.5$ V
	± 0.2	± 1	± 8	nA max	
漏极电流，I_D(Off)	± 0.1			nA typ	$V_S=\pm4.5V$, $V_D=\pm4.5$ V
	± 0.2	± 2	± 16	nA max	
通道漏电流，I_D,I_S(On)	± 0.2			nA typ	$V_S=V_D=\pm4.5$ V
	± 0.4	± 2	± 16	nA max	

　　无线传输电路设计。仪器选用GS-201无线模块作为信号传输模块，电路原理如图7.25所示。无线模块连接服务器时需要很大的电流，所以电源芯片选择与之相匹配的MIC29302，该电源芯片可以提供最大2A的电流，完全可以满足无线模块的供电需求。并且，该电源芯片还可以通过调节电阻R415和R416的阻值大小来改变输出电压。输入电压只要比输出电压高1 V，输出电压V_{out}就可以通过$V_{out}=1+(R415/R416)$这个公式计算。

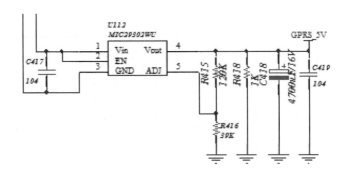

图7.25　无线模块电路原理示意图

无线模块与单片机之间采用串口通信方式，串口波特率设定为9 600。该无线模块由5V电源供电，一旦通电即自动尝试与服务器建立连接。模块内置一个状态输出引脚，专门用于指示无线模块与服务器之间的连接状态。此引脚通过输出高电平或低电平来明确反映当前连接状态（高电平表示已成功与服务器建立连接）。单片机的IO口和无线模块状态输出引脚连接，通过读取该IO口的状态就可以知道无线模块是否与服务器建立连接，最后单片机通过驱动指示灯进行状态指示。

（3）结构设计。

智能大气腐蚀监测仪由带无线通信功能的多功能大气腐蚀监测仪主机、多功能集成式传感器、基座式或抱杆式安装支架、太阳能充电板及电池组几部分组成。多功能大气腐蚀监测仪主机由多功能集成式传感器采集腐蚀数据和环境数据，并以无线通信方式传输回数据服务器。太阳能板和大容量的电池组负责给监测仪主机提供长期稳定的12 V供电。

仪器主机选用铝合金铸态壳体，壳体外喷涂特制防腐涂层，完全满足严酷环境下的耐腐蚀性能需求。主机尺寸为160 mm × 160 mm × 67.5 mm，由上盖和底盒两部分组成，两者连接部位设有防水密封线和密封条，并用螺栓紧固，可以满足主机IP66的防护要求。壳体尺寸如图7.26所示。

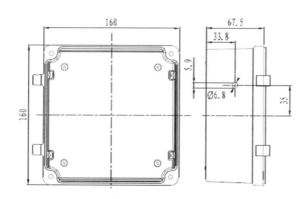

图7.26　仪器主机箱体设计图

图7.27为主机俯视图，通常主机按照图7.28或图7.29两种方式进行现场固定安装。集成式传感器通过"L"形传感器固定支架固定在主机箱体上方的面板上，下方面板设计有防水电源开关和电源引线口并采用防水葛兰进行连接，如图7.30所示。

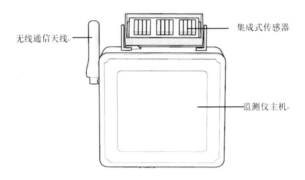

图7.27　智能大气腐蚀监测仪主机俯视图

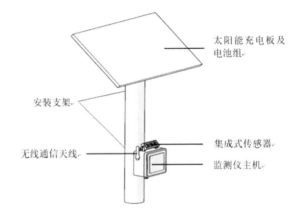

图7.28　智能大气腐蚀监测仪抱杆支架安装方式图

图7.29　智能大气腐蚀监测仪坐地支架安装方式图

图7.30　智能大气腐蚀监测仪实物图

可以通过多台多功能大气腐蚀监测仪组成多功能大气腐蚀监测系统，系统拓扑结构如图7.31所示，系统主要由多台安装在户外被测现场的多功能大气腐蚀监测仪和布置在数据中心的数据服务器组成，大气腐蚀数据管理分析软件安装在数据服务器中。多功能大气腐蚀监测仪将监测获取的腐蚀信息、环境信息以无线传输方式通过信息基站、数据接收器中转后传输至数据服务器，同时以.txt文本格式存入到本地。大气腐蚀数据管理分析软件可通过读取本地数据文件进行数据的分析和查看。

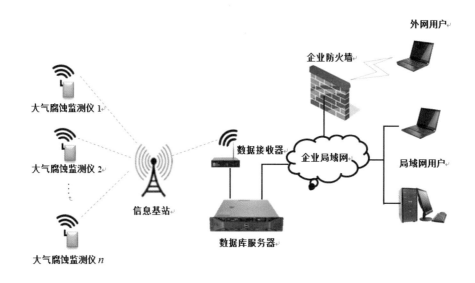

图7.31　智能大气腐蚀监测系统拓扑图

（4）现场应用。

智能大气腐蚀监测仪在杭州市220 kV建德变和220 kV亭山变、宁波市220 kV跃龙变和220 kV湾塘变、绍兴市±800 kV换流站和500 kV古越变、嘉兴市220 kV海塘变和110 kV周圩变、舟山市220 kV龙崎变、湖州市220 kV黄芝变、金华市220 kV东阳变和±800 kV武义换流站、衢州市220 kV仙霞变、温州市220 kV里洋变和220 kV白沙变、丽水市220 kV枫树变和110 kV龙石变、台州市500 kV麦屿变和500 kV柏树变等19个变电站内投入现场应用，同时进行环境温度、环境湿度、锌材质腐蚀电流和铜材质腐蚀电流的长期户外监测，监测间隔时间设置为1 min。部分应用现场如图7.32所示。

220 kV建德变

220 kV湾塘变

220 kV龙崎变

220 kV黄芝变

220 kV东阳变

220 kV仙霞变

图7.32　智能大气腐蚀监测仪应用现场

7.3 浙江电力智能腐蚀管理平台开发

7.3.1 平台设计思路、原则

浙江电力智能腐蚀管理平台按照"设备域→网络域→数据域→应用域"的流程化设计路线，实现在线监测、曝露挂片法挂片、环境监测站点、腐蚀源数据、土壤腐蚀、接地网腐蚀监测点等数据的安全标准化接入及各类腐蚀监测数据流的边缘计算，并对数据进行归一化整理，基于国网浙江电力系统内的大气腐蚀数据生成大气腐蚀地图，为全省范围内的防腐管理积累经验及提供相关数据，同时，为国网浙江电力系统内部用户提供便捷访问。在此基础上，把系统和国网GIS地图对接，实现基于GIS地图的大气腐蚀地图生成。

基于数据流及边缘计算的浙江电力智能腐蚀管理平台建设遵循以下原则。

1. 建立标准，统一规范

智能腐蚀管理平台系统建设需要统一规范，通过建立数据交换和共享服务标准，提供统一的数据访问接口，实现监测仪和系统之间的数据交换，并能兼容以前的硬件平台，避免每次增加新的监测仪需要重新开发接口，降低数据交换的复杂性，实现数据的互联互通，防止信息孤岛现象的产生。

2. 需求牵引，兼容并包

用户需求具有多样性，既有浙江电力的需求，还有国家电力的需求，需要对各类不同的需求进行研究，针对不同需求制定最优的资源和技术标准，最终形成标准的业务模式。

3. 安全可靠，兼顾效率

系统的安全非常重要，在建设之初就要考虑系统的安全建设，既要保障系统的安全可靠运行，又要防范各类安全风险。因此，系统建设需要采用成熟的技术和体系，采用国产的核心设备，确保核心数据万无一失。

4. 实用性原则

遵循以客户为中心的设计理念，提供一致性、人性化的用户体验，最大限度地满足客户的实际需要，操作便捷，功能完善，界面友好。

5. 可扩展性原则

符合国际及国家通用标准，具备良好的开放性和可移植性。采用标准开放平台接口，支持与其他系统的数据交换和共享，便于维护、扩展和互联。

6. 资源复用原则

建设过程中充分考虑已有软硬件设备设施，尽可能继承和复用有价值的软硬件资源和数据资源，避免资源浪费、重复投资。

7.3.2 管理平台开发需求分析

1. 功能性需求

本项目主要建设基于数据流及边缘计算的浙江电力智能腐蚀管理平台1个，对浙江电力公司监控子站监测平台进行功能扩展及优化。

浙江电力智能腐蚀管理平台以数据中台（包括Web GIS和气象信息等基础数据）为底层支撑，在扩展数据来源管理、腐蚀源模型及仿真、扩展数据展示及统计分析、优化完善数据协同共享、优化完善数据管理、优化完善数据分析功能六大功能基础上，设计了基础数据、站点分布、腐蚀地图、温湿地图、数据分析、站点管理、终端监控、扩展功能、系统管理等九大功能模块：

（1）基础数据模块，即数据中台，包括Web GIS、气象信息等基础数据信息。

（2）站点分布模块包括站点分布图、站点状态分布图和变电站分布图等功能。

（3）腐蚀地图模块包括大气腐蚀等级分布地图（近一年、全部数据段、任意时间段腐蚀等级分布）、大气锌腐蚀速率分布地图（近一年、全部时间段、任意时间段锌腐蚀速率分布）、土壤腐蚀等级分布地图（近一年、全部数据段、任意时间段土壤等级分布）等功能。

（4）温湿地图模块包括近一年、全部时间段、任意时间段大气温湿等级分布地图。

（5）数据分析模块包括大气腐蚀在线监测数据分析（实时、移动监测，月累计、月平均、腐蚀报告）、大气腐蚀曝露挂片法数据分析、大气腐蚀环境法数据分析、土壤腐蚀埋片法数据分析、土壤腐蚀数据分析、接地网监测数据分析、腐蚀源数据分析、腐蚀事件数据分析等功能。

（6）站点管理模块包括站点管理和设备维护等功能。

（7）终端监控模块包括监测数据和设备状态等功能。

（8）扩展功能模块包括大气腐蚀曝露挂片法数据管理、大气腐蚀环境法数据管理、土壤腐蚀埋片法数据管理、土壤腐蚀数据管理、接地网监测数据管理、腐蚀源数据管理、腐蚀源模型及仿真(工业源仿真和自然源仿真)、腐蚀事件数据管理、材料库管理等功能。

（9）系统管理模块包括系统设置、用户管理、角色管理、机构管理、区域管理、菜单管理、系统日志、字典管理等功能。

2. 非功能性需求

系统建设遵循《国家电网工程SG186工程安全防护总体方案》和《电力二次系统安全防护总体方案》要求，从设计之初就考虑系统的可靠性与可维护性，并考虑系统的容灾备份等，做到系统安全可靠运行。

性能与可靠性：

- 系统注册用户数≥600个；
- 系统最大在线用户数>300个；
- 系统存储空间≥5 T Byte；
- 系统业务吞吐量≥100TPS；
- 响应时间要求<500 ms；
- 采用分布式架构，避免单点故障；
- 支持多副本数据保护；
- 系统网络带宽需求：系统并发用户数在设计要求范围内时，系统网络带宽平均利用率不得超过60%；
- 可靠性：能够提供7×24 h持续运行能力，数据可靠性达到99.99%，硬件平台可靠性达到99.9%；
- 可扩展性要求：考虑到未来数据接入及存储需求，对于监测设备接入支持通用接入接口，对于持续不断的存储增长需求，支持线性在线扩展。

（1）信息安全。

依据《关于信息安全等级保护建设的实施指导意见》《国家电网公司信息化SG186工程安全防护总体方案》《电力二次系统安全防护总体方案》要求，根据业务信息安全保护等级和系统服务安全保护等级，对浙江电力智能腐蚀管理平台系统受到破坏后的侵害程度进行分析，系统安全标准参照二级等级保护要求。

监测设备和省级服务器之间数据交换采用国网加密协议，确保数据的绝对安全。采用硬件防火墙的方式实现第三方网络的安全访问控制，对于远程访问，采用访问白名单，并结合加密算法，对访问用户身份进行控制；采用专用的防Dos攻击系统防止Dos攻击，对系统唯一的外网访问出入口采用硬件防火墙，并启用入侵检测功能。

本系统与电网GIS空间信息服务平台存在数据交互，交互的数据为GIS相关信息等，交互的数据内容不包含敏感信息。

（2）系统灾备设计。

本系统灾备设计从应用、数据库设计及备份方面考虑：应用平台采用集群设计及高可用性（HA）技术保障无单点故障；数据库镜像设计保障数据库高可靠性；数据库设计采用物理备用数据库、快照备用数据库和逻辑备用数据库等对用户数据和备份系统进行数据备份。除上述非功能性需求内容外，其他非功能性需求相关内容严格按照《国家电网公司信息系统非功能性需求规范（试行）》执行，在系统后续设计、建设过程中逐步完善。

7.3.3 平台实现技术

1. 网站前端实现技术

本项目采用的是前后端分离的方式开发。

* 前端框架采用bootstrap、jquery、layui和vue.js。

* 采用Echarts作为前端可视化输出基础组件。Echarts兼容绝大部分的浏览器，可以为前端开发提供一个直观、生动、可交互、可高度个性化定制的数据可视化图表。

* 采用Canvas动画技术实现腐蚀源仿真动画。

2. 服务器端实现技术

本项目开发语言为Java，以Spring Framework为核心容器，Spring MVC为模型视图控制器，MyBatis为数据访问层，Apache Shiro为权限授权层，Ehcahe对常用数据进行缓存。

前后端接口采用RestFul风格。REST将资源以适合客户端或服务端的形式从服务端转移到客户端（或者反过来）。在 REST 中，资源通过 URL 进行识别和定位，然后通过行为（即 HTTP 方法）来定义 REST完成怎样的功能。

后台提供了常用工具进行封装，包括日志工具、缓存工具、服务器端验证、数据字典等，具体技术细节如下：

* 核心框架：Spring Framework 4.3；

* 安全框架：Apache Shiro 1.2；

* 视图框架：Spring MVC 4.3；

- 服务端验证：Hibernate Validator 5.1；
- 任务调度：Spring Task 4.3；
- 持久层框架：MyBatis 3.2；
- 数据库连接池：Alibaba Druid 1.0；
- 缓存框架：Ehcache 2.6、Redis；
- 日志管理：SLF4J 1.7、Log4j；
- 工具类：Apache Commons、Jackson 2.2、Xstream 1.4、Dozer 5.3、POI；
- PDF文件生成工具：Wkhtmltopdf；
- Word生成工具类：Spire.Pdf；
- webservice接口：集成Apache CXF开发Webservice接口；
- 采集服务器：Apache Mima 多线程TCP/IP UDP/IP应用程序框架。

3. 本项目数据库技术

MySQL是一个关系型数据库管理系统，由瑞典MySQL AB 公司开发，目前属于 Oracle 旗下产品。MySQL是当下流行的关系型数据库管理系统之一，在 Web 应用方面，MySQL是最好的关系数据库管理系统（Relational Database Management System，RDBMS）应用软件。

4. 服务器环境

服务器运行环境如表7.17所示。

表7.17　服务器运行环境

操作系统	中间件系统	JDK	数据库
CentOs7.0	Apache Tomcat 8.0	JDK1.8	RDS(MySQL)

7.4 浙江电力智能腐蚀管理平台关键技术

7.4.1 大气腐蚀成图建模及计算

大气腐蚀成图是通过监测数据归一化建模，并叠加腐蚀源影响，再利用成图算法，在国家电网GIS地图上绘制出浙江全省大气腐蚀等级地图。

1. 归一化建模

大气腐蚀监测数据归一化建模主要实现曝露挂片法数据、环境法数据、在线监测法数据通过不同的数学模型计算方法，将各自腐蚀基础数据转换为材料腐蚀速率，并统一按照ISO 9223—2012腐蚀等级划分标准进行腐蚀评级。其中大气腐蚀综合成图的归一化建模是综合曝露挂片法、环境数据法、在线监测数据法等不同监测方法及不同金属的数据，将得到的最大腐蚀等级作为该站点的大气腐蚀等级。

大气腐蚀性等级现分为六级，见表7.1。

2. 站点腐蚀速率计算

在线监测腐蚀速率计算：

表7.18　在线监测原始数据

设备编号	设备类型	所属城市	所属站点	温度/℃	湿度/%	锌电流/nA	铜电流/nA	铝电流/nA	碳钢电流/nA	锌腐蚀速率/(μm/a)	采集时间
ACD×××× 0012018092110D3	大气腐蚀仪	金华市	X2	20.9	82.6	0.34	*	*	*	4.14	2019–6–13 0:17
ACD×××× 0012018092201099	大气腐蚀仪	丽水市	X9	22.1	76.1	1.82	*	*	*	30.21	2019–6–13 0:17
ACD×××× 0012018092110D8	大气腐蚀仪	温州市	X8	23.2	60.7	0.96	*	*	*	18.85	2019–6–13 0:16

如表7.18所示，大气腐蚀监测设备定时采集得到每种金属 M_i（ i=1,2,3,4 分别对应锌、铝、铜、碳钢)的腐蚀速率（1 h一次），系统再进行汇总得到站点 S_j 对应每种金属 M_i 每天的平均腐蚀速率 $\overline{r_{corr}}$。

计算公式如下：

$$\overline{r_{corr}}(iS_j, M_i)j = \sum r_{corr}(S_j, M_i)/n \qquad （7-15）$$

式中： $\overline{r_{corr}}$ 为站点 S_j 每日的平均腐蚀速率， μm/a； n 为金属 M_i 每日在站点 S_j 采集的数量。

3. 曝露挂片法腐蚀速率计算

一年期曝露挂片法原始数据如表7.19所示。

表7.19　一年期曝露挂片法原始数据

投样时间	取样时间	样品编号	原始质量/g	去除腐蚀产物后质量/g	质量损失/g	原始表面积/m²	腐蚀速率/（μm/a）	平均腐蚀速率/（μm/a）
2017-3-27	2018-3-21	F0187	70.8020	68.6198	2.1822	0.010475	26.95	27.03
		F0191	70.8403	68.6452	2.1951	0.010475	27.11	
		F0195	70.7926	68.7392	2.0534	0.010475	25.36	
2017-3-27	2018-3-21	ZF0001	76.0258	75.9604	0.0654	0.010475	0.89	0.86
		ZF0002	75.8605	75.7988	0.0617	0.010475	0.84	
		ZF0003	76.3692	76.2973	0.0719	0.010475	0.98	
2017-3-30	2018-3-29	F0214	70.6590	69.3224	1.3366	0.010475	16.51	16.65
		F0250	70.6328	69.2721	1.3607	0.010475	16.80	
		F0213	70.4464	69.0495	1.3969	0.010475	17.25	
2017-3-30	2018-3-29	Z0200	69.7561	69.6834	0.0727	0.010475	0.97	0.97
		Z0201	69.8097	69.7359	0.0738	0.010475	0.99	
		Z0250	69.1808	69.1099	0.0709	0.010475	0.95	

r_{corr}用 μm/a 来表达，按式（7-16）计算：

$$r_{corr}(P, M_i) = \frac{\Delta m}{A \cdot \rho_i \cdot t}$$

（7-16）

式中：P 为挂片类型，分为一年期、三年期、五年期三种类型；M_i(i=1,2,3,4 分别对应锌、铝、铜、碳钢）；ρ_i 为金属密度，g/cm³(i=1,2,3,4 分别对应锌、铝、铜、碳钢密度）；$\triangle m$ 为试片失重，g；A 为试片表面积，m²；t 为曝露时间，a。

4. **环境法腐蚀速率计算**

一年期环境法腐蚀原始数据如表7.20所示。

表7.20 一年期环境法腐蚀原始数据

所属城市	温度/℃	湿度/%	二氧化物沉积率/[mg/(m²·d)]	氯离子沉积率/[mg/(m²·d)]	锌腐蚀速率/(μm/a)	铝腐蚀速率/(μm/a)	铜腐蚀速率/(μm/a)	碳钢腐蚀速率/(μm/a)	采集时间
开化县	16.5	78	19.2	0.5	1.17	0.22	1.03	29.25	2019−10−10
兰溪市	17.6	70	24.8	1	0.91	0.22	0.74	27.36	2019−10−10
乐清市	17.9	78	12	1	0.94	0.18	0.98	22.75	2019−10−10
丽水市	18.3	71	12.8	2	0.79	0.17	0.77	21	2019−10−10
临安区	15.8	73	15.2	1	0.93	0.18	0.84	25.07	2019−10−10
临海市	17.5	74	15.2	1	0.89	0.18	0.84	23.71	2019−10−10
龙泉市	17.9	75	10.4	1	0.8	0.15	0.83	19.98	2019−10−10

按照大气腐蚀性分类最新国际标准，计算碳钢、锌、铜三种金属在浙江省各县市大气环境中的腐蚀速率。计算公式见式（7−17）~（7−19）：

对于碳钢：

$$r_{corr} = 1.77 \times P_d^{0.52} \times \exp(0.020 \times RH + f_{St}) + 0.102 \times S_d^{0.62} \times \exp(0.033 \times RH + 0.040 \times T)$$

（7−17）

其中：$f_{St} = -0.054 \times (T - 10)$

对于锌：

$$r_{corr} = 0.0129 \times P_d^{0.44} \times \exp(0.046 \times RH + f_{Zn}) + 0.0175 \times S_d^{0.57} \times \exp(0.008 \times RH + 0.085 \times T)$$

（7−18）

其中：$f_{Zn} = -0.071 \times (T - 10)$

对于铜：

$$r_{corr} = 0.0053 \times P_d^{0.26} \times \exp(0.059 \times RH + f_{Cu}) + 0.01025 \times S_d^{0.27} \times \exp(0.036 \times RH + 0.049 \times T)$$

（7−19）

其中：$f_{Cu} = -0.080 \times (T - 10)$

5. 腐蚀速率叠加计算

腐蚀速率叠加流程如图7.33所示。

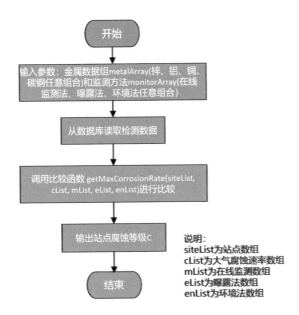

图7.33　腐蚀速率叠加流程图

函数 getMaxCorrosionRate (siteList, cList, mList, eList, enList) 根据金属数组 metalArray 和检测方法数组 monitorArray 进行计算，得到最大腐蚀等级作为该站点的腐蚀等级（环境法是取所在城市中心点作为虚拟站点，不参与对比，只参与成图运算并输出）。

6. 腐蚀源加权计算

环境法、曝露挂片法等方法在评价数据采集点的大气腐蚀等级时准确有效，但当其用于绘制大区域面积的腐蚀地图时，存在着监测点数不足，无法灵敏监测腐蚀源影响等问题。因此，为提高大区域腐蚀地图的准确性，应根据腐蚀源特点在传统数据采集方法基础上，考虑小区域环境内大气腐蚀等级的加权。

现阶段，大气腐蚀等级分布图中考虑的腐蚀源主要以工业腐蚀源为主，不包括其他形式的人为活动腐蚀源（如交通运输腐蚀源、服务业腐蚀源、农业腐蚀源、生活腐蚀源等）。工业腐蚀源主要包括化工、石化、炼油、冶金、建材、热电厂、矿场等。工业腐蚀源目前影响半径考虑为3 km。

在腐蚀源影响范围内，大气腐蚀源含量超过GB/T 19291.1规定范围时，应将相应的大气腐蚀等级相对于基准等级至少提高1个等级。具体为：当某一区域（如工业腐蚀源半径3 km内）同时存在2个及以上腐蚀源时，建议将腐蚀源影响范围内的大气腐蚀等级提高2个等级；存在1个腐蚀源时，建议将腐蚀源影响范围内的腐蚀等级提高1个等级。

自然源（海洋）对大气腐蚀程度的叠加影响，是沿整个浙江省海岸线5 km范围将腐蚀等级设置为C5。特别的，对于海岛，如果该海岛没有监测点，则统一设置为C4等级；如果有监测点，则按实际腐蚀等级成图。

7. 运行经验加权计算

近年来，由环境腐蚀引起的电网设备材料失效事故频率逐年上升，一些地区电网设备部件，如导线、地线和接地材料，在长期运行下腐蚀问题严重，设备寿命不能满足设计要求，电网安全稳定运行隐患增大，增加了电网的运行维护成本。对于由运行经验引起的大气腐蚀叠加目前影响半径考虑为3 km。运行经验腐蚀叠加流程如图7.34所示。

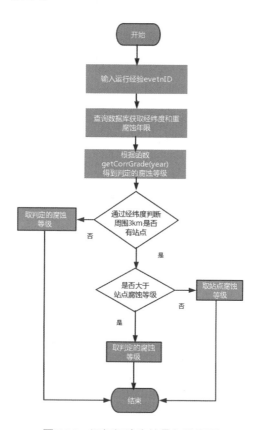

图7.34　运行经验腐蚀叠加流程图

在运行经验影响范围内，腐蚀等级做如下处理：

6年内即发生重腐蚀的地区，可判定为CX腐蚀环境。

10年内发生重腐蚀的地区，可判定为C5腐蚀环境。

15年内发生重腐蚀的地区，可判定为C4腐蚀环境。

如果在运行经验3 km影响范围内有挂片站点，并且该挂片站点的大气腐蚀等级大于运行经验判定的腐蚀等级，则取该挂片站点的腐蚀等级；如果小于运行经验判定的腐蚀等级，就取判断的腐蚀等级。

函数getCorrGrade(year)参数为重腐蚀年限，判断腐蚀等级如上所示。腐蚀源叠加流程如图7.35所示。

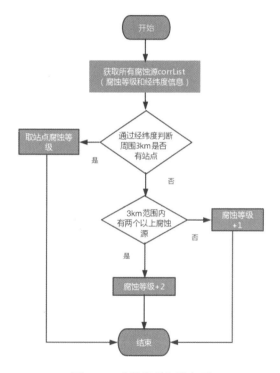

图7.35 腐蚀源叠加流程图

7.4.2 大气腐蚀算法及成图

空间插值法，即通过探寻搜集到的样点/样方数据的规律，外推/内插到整个研究区域面数据的方法，也即根据已知区域的数据求待估区域的值。任何一种空间插值算法都是在基于空间相关性的基础上进行的，即空间位置上越靠近，则事物/现象越相似；空间位置越远，则越相异或者不相干，体现了事物/现象对空间位置的依赖关系。

空间插值法采用反距离权重插值法。反距离权重（Inverse Distance Weighted，IDW）插值法首先由气象学及地质学工作者提出来，后来被称为Shepard方法。1985年Watson等将其应用于空间插值等值线的绘制，继而该算法被广泛应用于各行各业的空间分析与制图。其基本原理即离插值点空间距离较近的点比距离较远的点其特征上相似性更大，通过加权平均的方法对插值点与样本点间的距离权重进行分配计算。也就是说，离所估算的网格点距离越近的离散点对该网格点的影响越大，越远的离散点影响越小，甚至可以认为没有影响。

在估算某一网格点的值时，假设离网格点最近的n个点对其有影响，那么这n个点对该网格点的影响与它们之间的距离成反比。

图7.36中，(x_1, y_1)，(x_2, y_2)，(x_3, y_3)分别为样品点f_1，f_2，f_3的位置坐标；(x, y)为插值点f的位置坐标；D_1，D_2，D_3分别为样品点f_1，f_2，f_3到插值点f的距离。

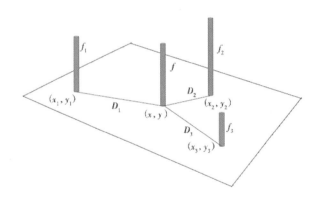

图7.36　反距离权重插值法示意图

设有n个点，平面坐标为(x_i, y_i)，IDW算法公式为：

$$D_i = \sqrt{(x-x_i)^2 + (y-y_i)^2} \qquad (7-20)$$

式中，x_i，y_i为样品点f_i的位置坐标；x，y为插值点f的位置坐标；D_i为样品点f_i到插值点f的距离。

在大气腐蚀项目中，浙江省有上百个大气腐蚀监测点。在实际的计算过程中，我们把距离从小到大进行排序，取前面$n=15$个最小距离的计算插值，因为距离越小，权重越大，相应地对预测点的影响也越大。具体步骤如下：

（1）从数据库读取所有观测点的腐蚀速率（不仅是腐蚀速率，还可以是温湿度、时间等）和经纬度坐标。

（2）应用反距离权重法对浙江省境内的各个地方的腐蚀速率进行插值，得到插值结果图。

（3）根据浙江省地图轮廓，对插值结果图进行裁剪，得到实际的带有坐标信息的插值结果图。

（4）将带有坐标信息的插值结果图放置到地图上（地图需具有BBOX功能）。

具体流程如下：

首先确定需要预测的区域。这块选定区域的经度范围为117.8°E～122.6°E，纬度范围为27.1°N～32.1°N，包含了整个浙江省。成图算法的流程如图7.37所示。

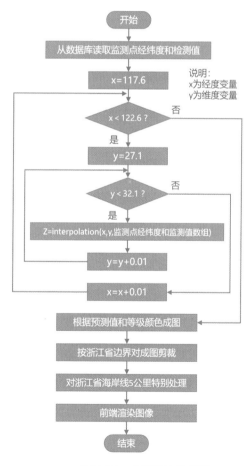

图7.37　成图算法流程图

具体的插值函数Interpolation的函数流程如图7.38所示。

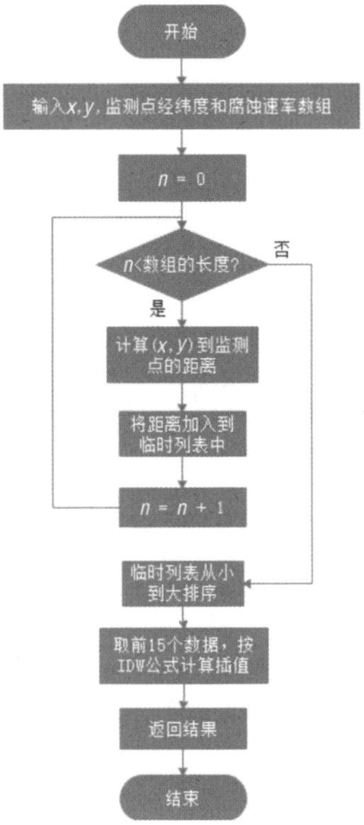

图7.38 函数流程图

Interpolation函数是进行反距离权重插值计算的函数。它接收的参数需要计算位置点的经度x、纬度y和监测点经纬度、监测腐蚀速率值的数组lst。函数会遍历传入的数组lst，调用Distance函数获取该点（x，y）与所有采样点的距离D，并且放入到临时的列表tmplist中。然后对这个临时列表中的距离按照从小到大的次序进行排序，取前面15个数据。最后按照反距离权重插值法的计算公式，算出预测值Z。

大气腐蚀性分级与色值的对应关系如表7.21所示。

表7.21 大气腐蚀性分级与色值的对应关系

级 别	色 值
C1	#0a0aae
C2	#0e539e
C3	#066c9b
C4	#00fb0c

级　　别	色　　值
C5	#f4a90f
CX	#353e47

利用空间插值法的反距离权重算法，将在线监测（40~50台大气腐蚀仪）、曝露挂片法挂片（110处）、环境监测站点（72个）的数据根据输入条件（监测方法、金属、时间段）进行归一化建模得到各站点的腐蚀速率，外推/内插到整个浙江省形成面数据，再利用大气腐蚀性分级与色值对应关系，生成带有坐标信息的大气腐蚀性等级分布图片，然后利用国网GIS地图的BBOX功能叠加到地图上，从而得到浙江省大气腐蚀等级分布地图。

根据腐蚀源（190处）的数据，利用腐蚀源加权算法，将得到的腐蚀源腐蚀等级转换成颜色值，再结合墨托投影法，将影响的区域（3 km范围）渲染到地图上。

根据运行经验的数据，利用运行经验加权算法，将得到的运行经验腐蚀等级转换成颜色值，再结合墨托投影法，将影响的区域（3 km范围）渲染到地图上。

成图效果如图7.39所示。

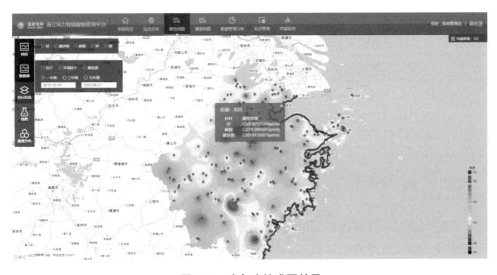

图7.39　大气腐蚀成图效果

7.4.3 土壤腐蚀算法及成图

土壤腐蚀成图算法是通过土壤监测数据归一化建模，再利用成图算法，在国家电网GIS地图上绘制出浙江全省土壤腐蚀等级地图。土壤腐蚀等级地图包括综合成图、土壤埋片法成图、土样法成图。

1. 归一化建模

土壤腐蚀数据归一化建模主要实现将土壤埋片法、土样法等数据通过不同的数学模型计算方法，依据DL 1554—2016《接地网土壤腐蚀性评价导则》进行腐蚀评级。其中土壤综合成图的归一化建模是综合土壤埋片法、土样法等不同监测方法、不同金属的数据，将得到的最大腐蚀等级作为该站点的土壤腐蚀等级。

（1）土壤埋片法归一化建模。

土壤埋片法金属腐蚀速率与土壤腐蚀等级的关系如表7.22所示。

表7.22 土壤埋片法腐蚀速率与腐蚀等级关系对照表

级　　别	腐蚀速率
Ⅰ级腐蚀	<1 g/(dm² · a)
Ⅱ级腐蚀	≥1 且 <3 g/(dm² · a)
Ⅲ级腐蚀	≥3 且 <5 g/(dm² · a)
Ⅳ级腐蚀	≥5 且 <7 g/(dm² · a)
Ⅴ级腐蚀	≥7 g/(dm² · a)

金属的腐蚀速率按照式（7-21）计算：

$$r_{corr} = \frac{\Delta m}{A \cdot t} \tag{7-21}$$

式中：r_{corr}为腐蚀速率，g/(dm² · a)；Δm为试片失重，g；A为试片表面积，dm²；t为埋片时间，a。

（2）土样八指标法归一建模。

土样法腐蚀成图算法依据DL 1554—2016《接地网土壤腐蚀性评价导则》中的八指标法直接计算出腐蚀等级，八指标法如图7.40所示，土样八指标法与腐蚀等级关系如表7.23所示。

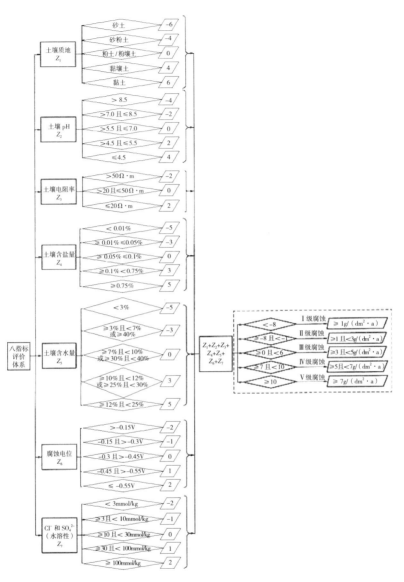

图7.40 八指标法

表7.23 土样八指标法与腐蚀等级关系对照表

级　别	八指标法
Ⅰ级腐蚀	<-8
Ⅱ级腐蚀	≥8且<-1
Ⅲ级腐蚀	≥0且<6

级　别	八指标法
IV级腐蚀	$\geqslant 7$且< 10
V级腐蚀	$\geqslant 10$

计算说明：根据土壤质地Z_1、土壤pHZ_2、土壤电阻率Z_3、土壤含盐量Z_4、土壤含水量Z_5、腐蚀电位Z_6、Cl^-和SO_4^{2-}（水溶性）Z_7，计算$Z_1+Z_2+Z_3+Z_4+Z_5+Z_6+Z_7$，根据得到的值，即可计算出腐蚀等级。

2. 成图算法

同大气腐蚀成图算法，采用空间插值算法来外推补充站点空白地区的土壤腐蚀性评级数值。成图效果如图7.41所示。

图7.41　浙江省土壤腐蚀等级地图

3. 温湿成图算法

温湿地图绘制原理和成图算法同大气腐蚀地图。

7.5 系统结构和框架

7.5.1 平台架构

本系统基于企业统一云服务平台，在浙电智能运检管控平台的框架下进行开发，总体架构包括云基础服务层、云接口服务层、业务应用层和服务访问层的多层次结构体系，如图7.42所示，绿色标识为使用企业统一云服务平台资源，红色实线和虚线标识为应用资源。

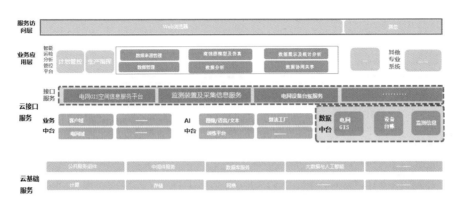

图7.42　基于数据流及边缘计算的浙江电力智能腐蚀管理平台总体架构

在实际生产环境中，本平台基于浙电云平台开发及运行，数据存储、运算、分析、服务全部基于浙电云。

1. 云基础服务层

浙江企业云平台提供了软硬件基础资源，提供物理存储资源、CPU处理资源、实时和离线的数据库资源、网路等，资源能够弹性伸缩，提供应用自动部署组件。

2. 云接口服务层

云接口服务层包含业务中台、AI中台和数据中台，主要为应用层提供对应的接口服务。

3. 业务应用层

应用层实现对业务逻辑的处理、系统管理及配置管理。主要包括数据来源管理、数据管理、腐蚀源模型及仿真、数据展示及统计分析、数据分析及数据协同共享。

4. 服务访问层

访问层为用户提供多种访问交互方式，主要为Web浏览，实现国网浙江电力系统内部用户（各地市公司、电科院等）的便捷访问。

7.5.2 数据架构

本项目建设的数据架构遵循公司"企业统一云服务平台"和统一数据库的整体要求，主要由离线数据和实时数据构成，离线数据由数据中台提供，实时数据由采集终端提供。离线数据和实时数据为整个项目的数据基础，整体数据流架构如图7.43所示。

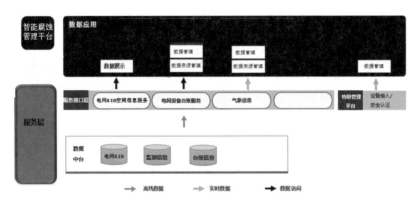

图7.43　整体数据流架构图

实时数据为智能腐蚀平台所需要的设备实时状态、温度、湿度、腐蚀速率等数据，通过物联管理平台和采集终端交互来实现。

离线数据为智能腐蚀平台所需的电网GIS数据、监测信息及变电站、线路数据。电网GIS数据通过调用数据中台的电网GIS空间信息服务来获取，监测信息通过调用监测数据来获取。

7.5.3 技术架构

本项目的应用开发和运行主要基于"企业统一云服务平台"实现技术承载，其相应的技术架构如图7.44所示。

网络：由信息内网组成，可满足内网各类应用的通信网络需求。

在本项目中，应用全部在信息内网上运行。

基础资源：包括服务器、存储、网络和平台化软件等软硬件资源，按照云计算技术要求进行弹性服务化封装，为浙江电力智能腐蚀管理系统项目提供软硬件资源服务，提供弹性计算服务、负载均衡服务、弹性伸缩服务、虚拟网络服务、开放存储服务。

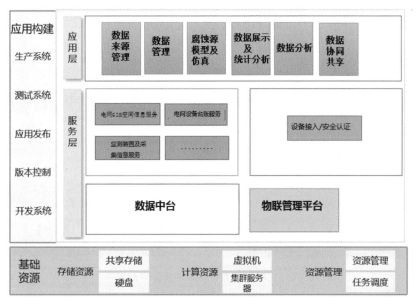

图7.44　相应的技术架构

服务层：为浙江电力智能腐蚀管理系统提供数据基础服务，包括数据中台和物联管理平台，其中数据中台提供电网GIS数据、装置监测数据以及设备台账数据服务接口，物联管理平台提供采集终端安全接入认证。

应用层是在服务层提供的功能基础上，实现人机交互软件应用功能，包括数据来源管理、数据管理、腐蚀源模型及仿真、数据展示及统计分析、数据分析及数据协同共享的功能。

7.6 浙江电力智能腐蚀管理平台

浙江电力智能腐蚀管理平台首页如图7.45所示。平台拥有大气腐蚀等级分布图、土壤腐蚀等级分布图、拓展功能、信息交互、系统管理五大模块。右上角有修改密码按钮，利用它可以修改用户登录的密码。

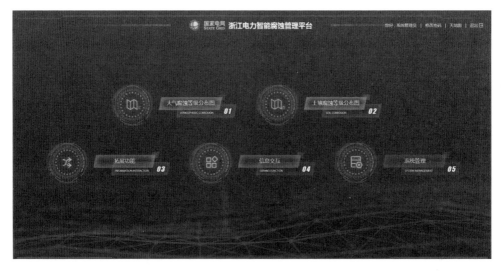

图7.45　浙江电力智能腐蚀管理平台首页

7.6.1 大气腐蚀等级分布图模块

大气腐蚀等级分布图模块信息展示区包括：

- 大气腐蚀等级范围；
- 近一年大气温湿等级范围统计；
- 浙江省昨日站点分析统计；
- 浙江省站点状态分析统计；
- 浙江省气象信息循环播报；
- 浙江省全部站点地图展示。

大气对金属腐蚀的监测方法有在线监测、曝露挂片法和环境法三种方式。另外，腐蚀源对金属腐蚀有叠加影响。大气腐蚀等级成图是根据以上三种监测方式得到的数据再加上腐蚀源数据，利用大气对金属的腐蚀等级成图算法再结合浙江省地图展现出来。

在大气腐蚀地图上叠加变电站，点击图标会显示变电站信息。特别的，在线监测、曝露挂片法、环境法、腐蚀源叠加成图。根据页面左侧条件选择材质、数据源组合后进行成图，如图7.39所示。成图后，可将挂片、环境因子和腐蚀源在地图上标注出来，点击标注的图标会显示对应的信息。

7.6.2 土壤腐蚀等级分布图模块

土壤腐蚀等级分布图模块首页上分为一级菜单区和信息展示区，其中信息展示区包括：

- 土壤腐蚀等级范围；
- 接地网腐蚀报告。

腐蚀地图功能如下：

- 土壤腐蚀等级分布图；
- 动态土壤腐蚀等级分布图。

监测土壤对金属腐蚀的方法有土壤埋片法和土样法。成图原理同大气腐蚀成图。该图可叠加变电站，点击相应变电站图标会显示该变电站的土壤腐蚀等级。

7.6.3 拓展功能

工业腐蚀源模型及仿真：

采用点源的高斯烟羽扩散模型来计算污染物的扩散范围和影响范围内各个点的浓度。通过在界面上选择某个工业腐蚀源和输入关键参数，利用内置算法（点源高斯扩散模型），可以在GIS地图上显示不同腐蚀污染物的扩散路径和浓度变化。选择腐蚀源、风向、风力、烟囱类型、污染物类型、搜索高度进行模拟，效果如图7.46所示。

图7.46 工业腐蚀源模型及仿真效果

7.6.4 信息交互

信息交互页面如图7.47所示，点击"处理"按钮，选择腐蚀等级、重腐蚀年限、回复内容和PDF文件，可以查看所有腐蚀事件的列表。点击"详情"按钮可以查看处理的详情。查看腐蚀事件时，列表只能显示属于登录人的事件，登录人也只能处理属于自己的事件。界面右侧按钮新增了腐蚀事件。

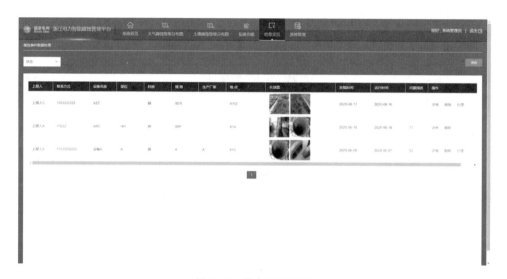

图7.47　信息交互页面

7.6.5 系统管理

系统管理包括用户管理、角色管理、机构管理、区域管理、菜单管理等模块。

可以列表查询登录系统的用户，为用户分配角色，分配角色后，用户拥有角色所属的权限；可以对机构进行列表查看，可以增删改机构；可以列表查询区域，对区域进行增删改；可以对系统菜单列表查看，可以增删改菜单，包括菜单名称、排序和跳转URL。